家具鉴藏全书

邬 涛 编著

全国百佳出版社
中央编译出版社
Central Compilation & Translation Press

图书在版编目 (CIP) 数据

家具鉴藏全书 / 邬涛编著. —北京：中央编译出
版社，2017.2
　（古玩鉴藏全书）
ISBN 978-7-5117-3142-5

I. ①家… II. ①邬… III. ①家具－鉴赏－中国－古
代②家具－收藏－中国－古代 IV. ①TS666.202②G262.5
中国版本图书馆 CIP 数据核字 (2016) 第 247794 号

家具鉴藏全书

出 版 人：葛海彦
出版统筹：贾宇琰
责任编辑：邓永标　舒　心
责任印制：尹　珺
出版发行：中央编译出版社
地　　址：北京西城区车公庄大街乙 5 号鸿儒大厦 B 座 (100044)
电　　话：(010) 52612345 (总编室)　　　(010) 52612371 (编辑室)
　　　　　(010) 52612316 (发行部)　　　(010) 52612317 (网络销售)
　　　　　(010) 52612346 (馆配部)　　　(010) 55626985 (读者服务部)
传　　真：(010) 66515838
经　　销：全国新华书店
印　　刷：北京鑫海金澳胶印有限公司
开　　本：710 毫米 × 1000 毫米　1/16
字　　数：350 千字
印　　张：14
版　　次：2017 年 2 月第 1 版第 1 次印刷
定　　价：79.00 元

网　址：www.cctphome.com　　　　邮　箱：cctp@cctphome.com
新浪微博：@中央编译出版社　　　　微　信：中央编译出版社 (ID：cctphome)
淘宝店铺：中央编译出版社直销店 (http://shop108367160.taobao.com) (010) 52612349

凡有印装质量问题，本社负责调换，电话：010-55626985

前言

  中国是世界上文明发源最早的国家之一，也是世界文明发展进程中唯一没有出现过中断的国家，在人类发展漫长的历史长河中，创造了光辉灿烂的文化。尽管这些文化遗产经历了难以计数的天灾和人祸，历尽了人世间的沧海桑田，但仍旧遗留下来无数的古玩珍品。这些珍品都是我国古代先民们勤劳智慧的结晶，是中华民族的无价之宝，是中华民族高度文明的历史见证，更是中华民族五千年文明的承载。

  中国历代的古玩，是世界文化的精髓，是人类历史的宝贵的物质资料，反映了中华民族的光辉传统、精湛工艺和发达的科学技术，对后人有极大的感召力，并能够使我们从中受到鼓舞，得到启迪，从而更加热爱我们伟大的祖国。

  俗话说："乱世多饥民，盛世多收藏。"改革开放给中国人民的物质生活带来了全面振兴，更使中国古玩收藏投资市场日见红火，且急遽升温，如今可以说火爆异常！

　　古玩收藏投资确实存在着巨大的利润空间，这个空间让所有人闻之而心动不已。于是乎，许多有投资远见的实体与个体（无论财富多寡）纷纷加盟古玩收藏投资市场，成为古玩收藏的强劲之旅，古玩投资市场也因此而充满了勃勃生机。

　　艺术有价，且利润空间巨大，古玩确实值得投资。然而，造假最凶的、伪品泛滥最严重的领域也当属古玩投资市场。可以这样说，古玩收藏投资的首要问题不是古玩目前的价格与未来利益问题，而应该说是它们的真伪问题，或者更确切地说，是如何识别真伪的问题！如果真伪问题确定不了，古玩的价值与价格便无从谈起。

　　为了更好地解决这一问题，更为了在古玩收藏投资领域仍然孜孜以求、乐此不疲的广大投资者的实际收藏投资需要，我们特邀国内既研究古玩投资市场，又在古玩本身研究上颇有见地的专家编写了这本《家具鉴藏全书》，以介绍历代家具专题的形式图文并茂，详细阐述了古典家具发展历程、家具的常用木材、家具的种类、家具的鉴别、家具的价值、家具的购买、家具的保养技巧等。希望钟情于古代家具收藏的广大收藏爱好者能够多一点理性思维，把握沙里淘金的技巧，进而缩短购买真品的过程，减少购买假货的数量，降低损失。

　　本书在总结和吸收目前同类图书优点的基础上进行撰稿，内容丰富，分类科学，装帧精美，价格合理，具有较强的科学性、可读性和实用性。

　　本书适用于广大家具收藏爱好者、国内外各类型拍卖公司的从业人员，可供广大中学、大学历史教师和学生学习参考，也是各级各类图书馆和拍卖公司以及相关院校的图书馆装备首选。

编者

2016年11月于北京·阅园

目录

第三章

家具的种类

第四章

家具的鉴别

第七章

家具的保养

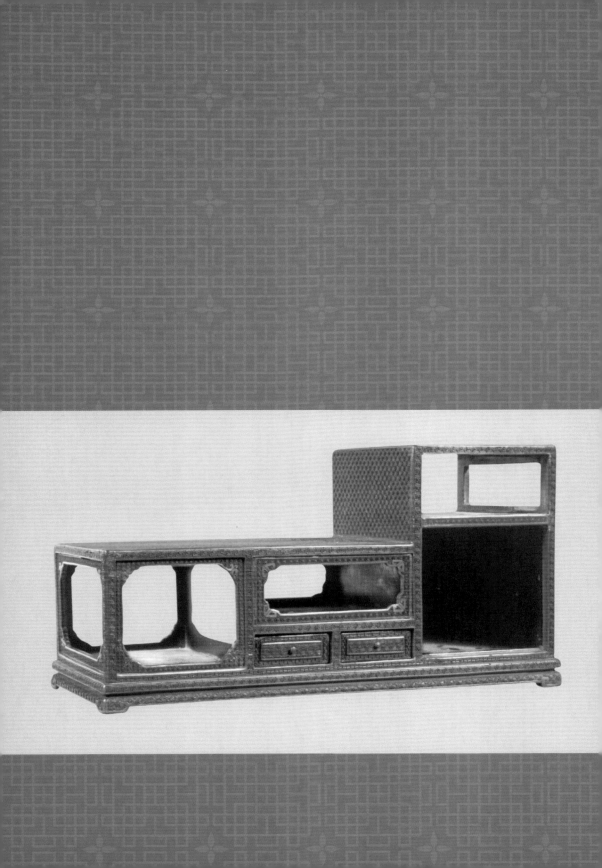

第一章

古典家具的发展历程

一
家具概说

　　自有人类以来，就与家具有着密切不可分的关系。要生存就必须有居住的地方，即使穴居山洞之中，也要有生活器具。原始人类在使用石器的年代已经用石块堆成原始家具"∏"，这就是后来家具的雏形。大约在神农氏时代，人们为了避湿御寒，用植物枝叶或兽皮做坐卧之具，这就是最古老的家具——席。席地而坐的生活习俗即从此开始。席在相当长的一段时间内，始终是重要的坐卧用具，可谓是床榻之始祖。石器时代的家具，从出土的情况看仅有席子。

　　商周时期的青铜器中，出现了铜俎和铜禁。俎禁是祭祀用的礼器，俎为切割牲畜时置牲的用具，禁为设置供物的器具。俎禁为后世家具几、案、桌、椅、箱、柜等的原始雏形。从出土的周代曲几、屏风、衣架，春秋战国漆俎漆几，河南信阳长台关战国墓出土的彩漆大床、雕花木几、漆箱等，可以大体知道我国早期家具已有床、几、案、箱、屏风等。这些家具无论髹饰、雕刻还是彩绘技艺，均已达到了相当高的水平。

△ 青铜俎　春秋

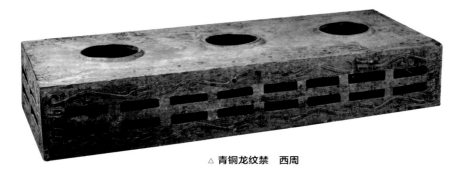

△ 青铜龙纹禁　西周

　　汉代，人们在席地而坐的同时，逐渐形成了一种曲腿坐榻的习俗。当时床榻比较低矮，床为卧具，形体较大；榻主要待客而用，相对较小，亦有多人合坐的连榻。床榻周边多设置屏风，床榻前配有几案，也都很低矮。汉代的食案与后世的托盘高度相差不多，但有矮足，"举案齐眉"中所说的案即是这种矮足食案。翘头案在汉代也已出现。东汉灵帝时，北方游牧民族的胡床传入中原。胡床即后世的马扎，这是一种高足坐具，它适应游牧民族的生活特点，可以折叠，易于携带，后来声名显赫的交椅即为胡床演变而来。

　　魏晋南北时期，由于佛教的影响和各民族文化的交流融合，高型坐具逐渐面世，垂足而坐的风俗开始出现。高型坐具除了胡床之外，品种不断增加，相继出现了椅、凳、墩、双人胡床等。高型坐具的出现，带来了新的起居方式，极大地冲击了中国传统的起居方式，从此以后，传统的席地而坐便不再是唯一的起居方式。此时的家具装饰图案也一改以往龙凤为主的动物鬼神纹饰，出现了与佛教有关的莲花纹、飞天纹等纹饰。如敦煌285窟西魏壁画中的"山林仙人"画像，仙人盘坐在一把椅子上，这是中国家具史上最早的椅子形象。这把椅子与以往的坐具明显不同，两边有扶手，后有靠背，搭脑出头，与后世的灯挂椅非常相似。壁画上还有一件带脚踏的扶手椅，这把扶手椅较高，其座部的高度和扶手高度，与后世的椅具高度没有多少差别。椅上仙人完全垂足而坐，显示其已经具备了现代坐具的雏形。

　　唐代是我国传统的起居方式从席地而坐向垂足而坐的逐渐过渡时期，即高型家具与矮型家具的共存时期。

　　大唐盛世，经济繁荣昌盛，文化丰富多彩。其时建筑业兴旺发达，歌舞升平的生活环境需要室内空间宏大宽敞，这为家具的发展提供了巨大的空间。唐代家具厚重宽大，气势宏伟，线条丰满柔和，雕饰富丽华贵。髹漆家具上已使用螺甸镶嵌技艺，壶门装饰在床榻上亦属常见。

五代时期虽然亦是高型家具与矮型家具的共存时代，但垂足而坐的风俗已渐普及，高型家具已逐渐形成完整的组合。我们从五代时画家周文矩的《重屏会棋图》《宫中图》、顾闳中的《韩熙载夜宴图》及王齐翰的《勘书图》中可以看到，当时家具的比例尺度均非常符合人们垂足而坐的生活习惯。其时，高型家具形制已经齐备，功能区别亦日趋明显，四足之柱状与传统壶门构造的高型家具已逐步确立了自己的地位。

五代时家具造型和装饰亦与唐代不同，一改唐代家具的厚重圆浑为简秀实用，为宋制家具开启了质朴的风气。

宋至明前期，家具的发展达到空前的规模与水平。宋代家具确立了以框架结构为基本形式。其家具的种类之齐全、式样之多姿是宋代以前任何时期都无法比拟的。宋代还产生了抽屉橱、炕桌、琴桌、折叠桌、高几、燕几、交椅等新的样式，极大地丰富了家具的种类和功能。宋代椅凳的样式更是丰富多彩，且造型更为清秀坚挺，有带托泥的长方凳和四周开光的大圆墩，还有四出头官帽椅、灯挂椅、圈椅、交椅、斜靠背椅等。

宋代家具制作工艺日益精湛，使用了大量素雅的装饰线脚和构件，如牙条、矮老、罗锅枨、霸王枨、托泥下加龟脚、高束腰、马蹄脚、雕花腿等，使家具造型极富变化，其中桌椅腿足的变化尤为显著。这为明代家具的发展打下了坚实的基础。

元代家具基本上沿袭宋制，变化不是很大。抽屉桌是元代的新兴家具，如山西文水北峪口元代墓壁画中长方形抽屉桌，桌面下有两个抽屉，屉面上有吊环，三弯腿、带托泥，其造型豪放雄壮，为前代所无。

明代家具是我国家具发展史中的一座高峰，一直延续至清代早期。这一时期制作的家具被后世誉为"明式家具"。明式家具并不包括明代早期所制的漆木家具，而是指当时以黄花梨、紫檀、鸡翅木、铁力木、乌木、红木等硬木及榉木、榆木、楠木、核桃木等白木制作的高级家具。由于这些材质本身色泽纹理华美，所以明式家具少有髹漆，仅上蜡打磨，以突出木质的自然美感。

明代城镇发展迅速，商品经济繁荣，家具的需求急剧增加，且已形成社会时尚。海外贸易蓬勃发展，郑和七次下西洋，带来了大批优质的木材如紫檀、黄花梨、鸡翅木等，对明式家具的发展起到了非常重要的作用。

明代贵族大肆修造私宅和园林，这些豪宅府邸的家具陈设大都为明式家具。由于不少文人参与设计，家具的样式亦包含了文人崇尚古朴典雅的心懹。因此明式家具恬淡宁静、素洁脱俗、内敛简约，蕴含着极强的文人气息和艺术风格，且制作工艺一丝不苟、精致考究，长期以来一直备受世人推崇。

明人在家具的设置上讲究空灵明快，舒展大方，实用为先。明代文震亨《长物志》对家具设置有着极为精到的论述："位置之法，繁简不同，寒暑各异，高堂广榭，曲房奥室，各有所宜。"

清代早期，家具制作虽然沿袭着明代的一贯做法，但有不断改进和提高，且技艺更为精巧，传世的不少明式家具精品，多是这一时期制作的。到了雍正、乾隆年间，家具制作风格一改前期的挺秀、隽永、质朴的书卷气息，变得极为浑厚豪华、气势非凡。用料粗硕宽绰，造型雄伟庄严；装饰上极为繁缛，力求富贵华丽，并大量选用玉石、象牙、珐琅、贝壳等名贵材料，雕嵌镶填，多种工艺并用，使家具周身装饰几无空白之处，其富丽堂皇达到了空前绝后的境地，因而形成了家具中的乾隆风貌，世称"乾隆工"。后世称这些家具为"清式家具"，亦有称"宫廷家具"，多迎合当时皇家官宦追求虚荣的意趣。

△ 剔红雕漆多宝槅　清代

长36.5厘米，宽19.5厘米

　　清代晚期社会经济日衰，家具装饰过多过滥，以致堆砌愈益烦琐，尤其是椅具线条粗重笨拙，尺度不合人体舒适的功能需求，风格亦少有韵味。这种偏重形式、不求实用的做法，终因其华而不实使清代家具走向末路。

　　但是清代的民间家具尤其是榉木家具并没有受到太多的影响，它们仍遵循实用为先的准则，大体沿袭着质朴、简洁、实用的传统风格，有的形制依然与明式家具形同孪生。

△ 漆器插屏　清康熙

长63厘米，宽28.5厘米，高64.5厘米

　　插屏通体髹漆而成，双面工，正面绘五龙在云间穿梭，气势磅礴；背面漆绘"喜上梅梢"，自然秀美，披水牙子上漆绘卷草纹，宝瓶式站牙，落款"康熙御笔"。

二 先秦家具

1 | 家具的起源——席

中国古代，人们"席地而坐"，最早、最原始的家具便是坐卧铺垫用的席。席的出现，约在神农氏时代。考古界发掘出土的最早实物有新石器时代的蒲席、竹席和篾席等，距今已有五千多年。以后，从夏、商、周一直到两汉时期，古人在居室生活中始终没有离开过席，席成了这一时期最主要的家具。

首先，古人将"席"与"筵"结合在一起，形成一套"重席"制度。一方面，用它来防潮避寒；另一方面，根据不同的习俗和需要，在日常生活中以设席的方式来表现各种规制和礼节。故《周礼》有所谓"王子之席五重，诸侯三重，大夫再重"的记载。

那时，古人不论是生活起居，还是接待宾客，都在室内布席。不过，"席不正不坐"，于是就有所谓"君赐食，必正席先尝之"等各种各样的规矩和习惯，如在《礼记》中有"席，南向北向，以西为上，东向西向，以南为上"等规定。在古籍中，常能看到不少"连席"或"割席"的生动故事，因身份或志趣的不同，坐席也有明显区别。由此可见，中国古代家具从一开始就蕴含着丰富而深邃的文化内涵。

当时使用的筵和席有很多种类，从选用材料到编制织造，大多十分讲究。《周礼·春官》中记载的"莞、藻、次、蒲、熊"，就是运用不同材质分别制成不同花纹和色彩的五个品种，它们都以各自的特色，满足不同的要求。《尚书·顾命》里所提到的"丰席"和"笋席"，均是经过特别选料、精致加工的优质竹席。

总之，席这种最古老的家具，不仅是中国古代的生活用品，而且是古代习俗和礼仪规制的直接体现，是我们民族物质文化的重要组成内容，它具有最悠久的历史和古老的传统。

2 | 木制家具的肇始——彩绘木家具

1978—1980年，中国社会科学院考古研究所山西工作队等单位在山西襄汾陶寺龙山文化墓地发掘出土了中国迄今最早的木制家具，揭开了中国史前家具光辉灿烂的一页。这些家具中，最具代表性的有木几、木案和木俎。木几平面均为圆形，圆周起棱边，下置束腰喇叭状的独足；几面直径多在80厘米以上，通高30厘米左右。木案的"形状很像一个长方形的小桌"，平面通常为长方形或圆角长方形，在一长边与两短边间构成形板足，有的在另一长边中还加置一圆柱形足；案长90厘米~120厘米、宽25厘米~40厘米、高10厘米~18厘米不等。木俎大多为四足，用榫与俎面的榫眼相接，长方形俎面较厚，长50.5厘米，宽30厘米~40厘米，俎高12厘米~25厘米。

这些木制家具，大多在器身表面施加彩绘，有的单色红彩，有的以红彩为地，再绘彩色花纹。由于埋藏在地下四千多年，木胎已经完全腐朽。经考古工作者采用科学方法起取出土、复原后，真实地再现了古代早期家具的肇始形态，为中国古代史前家具的实物研究填补了空白。

3 | 商周青铜家具

商周是中国古代青铜器高度发达的时期，古代家具通过青铜器的形式，为我们留下了这一历史阶段中最珍贵的实物资料。被鉴定为殷商器的青铜饕餮蝉纹俎，就是一件较早的青铜家具。该俎造型别致，纹饰精美，具有很高的艺术价值。西周时期的四直足十字俎和商代壶门附铃俎，也都是极其珍贵的青铜家具实物。

1976年在殷墟王室妇好墓出土的青铜三联甗座，高44.5厘米，长107厘米，重113千克，六足，四角饰牛头纹，四外壁饰有相互间隔的大涡纹和夔纹，座架面上有三个高出的圈，可同时放置三只甗，故名三联甗座。这件甗座不仅是一件不可多得的大型青铜器，更是一件典型的早期青铜家具。这件青铜甗座的出土，进一步展示了商周时期家具独特的形式和极高的艺术水平。

与此类似的是放置各种酒器的青铜禁，实物有天津历史博物馆收藏的西周初年的青铜夔纹禁和美国纽约大都会艺术博物馆收藏的西周青铜禁。后者当年在陕西凤翔出土时，禁面上仍摆放着卣、觚、爵等十三件酒器。这两件青铜禁，都是不可多得的商周青铜家具。据古籍记载，禁可分为无足禁和有足禁。以上两件均是无足禁。1979年，河南淅川县楚令尹子庚墓出土了一件春秋时期的有足铜禁。铜禁长107厘米，宽47厘米，长方体，禁面中心光素无纹，边沿及侧面都饰透雕蟠螭纹，下面有十只圆雕的虎形足，禁身四周铸有向上攀附的十二条蟠龙。卓越的铸造工艺，使青铜家具的造型艺术登峰造极。

　　1971年，在河北平山县战国中山国王墓中出土的错金银龙凤铜方案，更是一件罕见的古代家具瑰宝。因此案"设计造型之奇巧，制作技术之高超，装饰工艺之精湛"，出土以来，被文物界、工艺美术界视为古代物质文明的重要象征之一。

　　人们日常生活需要的家具，总与同时代居室生活中的各类器物保持相应的一致。青铜家具也和其他青铜器一样，不仅是青铜器时代灿烂文化的标志，而且代表着中国古代家具的重要历史阶段。每当人们从后世的古典家具中看到与青铜器物造型的渊源关系时，就会更加深刻地认识到，一个民族的传统文化在物质文明史上所具有的重要意义和地位。

△ **青铜三联甗　商代**

4 ｜ 先秦漆木家具

　　中国古代家具的发展过程，一直是以漆木家具为主流，从史前的彩绘木家具，到春秋战国时期的漆木家具，反映着中国早期家具的主要历程。

　　先秦时代是中国历史上百家争鸣、文明昌盛的时期，社会的繁荣对物质文化的发展起着巨大的推进作用。由于铁制工具的普遍采用和高度发达的髹漆工艺，为漆木家具的发展提供了优越的条件。特别在楚国，漆木家具广泛应用，迅速使家具品类增多，质量提高。漆俎在战国楚墓中有时一次出土就多达几十件，说明该品种自商周以来已达到成熟的阶段。1988年6月，湖北当阳赵巷四号墓出土的一件漆俎，除俎面髹红漆外，其他均以黑漆作底，用红漆描绘十二组二十二只瑞兽和八只珍禽，禽兽在外形轮廓线内采用珠点纹装饰。该俎造型生动别致，画面图像形神兼备。瑞兽似鹿，俎纹以"瑞鹿"为题材，应是楚人崇鹿时尚的体现。《礼记·燕义》还有"俎豆牲体荐羞，皆有等差，所以明贵贱也"的记载，说明这件精美而富有意味的漆绘家具，更是当时社会宴礼待宾、祭祀尊祖、讲究器用的真实反映。

俎，在虞氏时称"棕"，夏后氏时称"蕨"，商代称"椇"，周代称"房俎"。河南信阳一号楚墓出土的一件黑漆朱色卷云纹俎，其两端各有三足，足下置横跗，长99厘米，宽47.2厘米，高23厘米，规格比一般漆俎大得多。这件大型的漆俎，考古界有人认为就是房俎，可能是当时俎的一种新形式，已与漆案渐渐接近。这也许就是后来俎很快被几、案替代的一个重要原因。

先秦时代的漆禁与商代和西周的青铜禁已经有较大的差异，如信阳出土的漆禁，其禁面浮雕凹下两个方框，框内有两个稍凸出的圆圈圈口。出土时，在禁的附近发现有高足彩绘方盒，其假圈足与此圆圈可以重合。这说明，禁的使用范围不断扩大，造型也出现了新的变化。

无论在实用性还是装饰性上，先秦时期最富有时代性和代表性的家具是漆案和漆凭几。《考工记·玉人》载："案十有二寸，枣粟十有二列。"可见春秋战国时，案的品种分门别类，已日趋多样化，并且多与"玉饰"有关，是一种比较新式的贵重家具，因此大多造型新颖，纹饰精美。湖北随州曾侯乙墓出

△ 有足铜禁　春秋

土的战国漆案和河南信阳楚墓出土的金银彩绘漆
案，皆是这类漆木家具中的典范。

　　春秋战国的漆几，有造型较为单纯的H形几。
这种几仅采用三块木板合成，两侧立板构成几足，
中设平板横置，或榫合，或槽接，既有强烈的形式
感，又有良好的功用效果。较多见的是几面设在上
部，两端装置几足的各种漆几。根据几面的宽、
狭，又可分为单足分叉式和立柱横跗式两种类型。
立柱横跗式也有多种不同的形制。在长沙刘城桥一
号楚墓出土的漆几，几的两端分立四根柱为几足，
承托几面，直柱下插入方形横木中，同时另设两根
斜档，从横跗面斜向插入几面腹下，使几足更加牢
固，形体更加稳健。这些先秦时期漆凭几的造型和
结构，都使我们看到先秦漆木家具在不断创新发展
中取得的巨大进步。

　　春秋战国的漆木家具还有雕刻、彩绘精美的大
木床，工艺构造精巧、合理的框架拼合折叠床，双
面雕绘、玲珑剔透、五彩斑斓的装饰性座屏，以及
各种不同实用功能的彩绘漆木箱等。它们无一不是
春秋战国时期漆木家具的优秀实例，无一不是中国
席坐时代居室文明的重要标志。

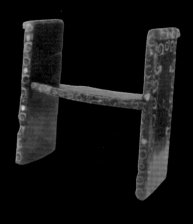

△ H形漆凭几　战国

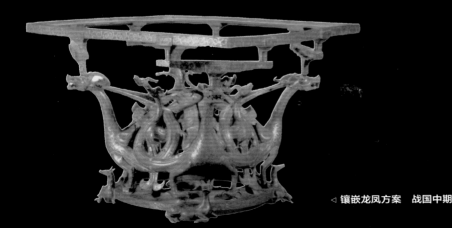

◁ 镶嵌龙凤方案　战国中期

三
汉唐家具

1 | 汉代家具

　　进入汉代以后，社会出现了繁荣昌盛的新局面，尤其在汉武帝时，无比强大的国力和思想领域的一统化，大大加快了战国以来社会民风习俗的大融汇。从此，中国成为一个地大物博、人口众多，以汉民族为主体的多民族国家，汉代的物质文化又发展到了一个更高的水平。

　　汉代统治阶层居住在"坛宇显敞，高门纳驷"的宅第中，过着歌舞娱乐、百戏宴饮的享受生活，与生活内容相适应的汉代家具也更加讲究起来。刘歆在《西京杂记》中，就有"武帝为七宝床、杂宝案、侧宝屏风，列宝帐设于桂宫，时人谓之四宝宫"的描绘。

　　在江苏邗江县胡场汉墓中发现一幅木版彩画，画幅上部绘有四人，墓主人端坐在一榻之上，衣施金粉，体态高大，其余三人都面向左，呈拱手作揖或跪立状。画幅下部绘一帷幕，其下有一人坐在榻上，前置几案，案上有杯盘，几下放香熏，侍女跪立榻后；伶人彩衣轻飘，一倒立，一反弓，姿态优美生动；成双成对的宾客皆席坐在地，聚精会神地观赏表演。右边是击钟敲磬、吹笙弹瑟的乐队在进行伴奏。像这幅反映墓主人生前欢乐生活的绘画作品，无疑也是汉代现实生活的形象记录，再现了当时居室生活与家具的真实情况。汉代在"席地而坐"的同时，开始形成一种坐榻的新习惯，与"席坐"和"坐榻"相适应的汉代家具，在中国古代家具史上写下了新的篇章。

　　由商周时期的筐床演变而成的榻，到汉代已是日益普及的一种家具，故"榻"这个名称迟至汉代才出现。1985年，河南郸城出土了一件西汉石榻，青色石灰岩质，长87.5厘米，宽72厘米，高19厘米。榻足截面和正面都为矩尺形，榻面抛出腿足，造型新颖，形体简练。在榻面上刻有"汉故博士常山太傅天君坐（榻）"的隶书一行，共12个字。这不仅是一件罕见的西汉坐榻实物，更有迄今所见最早的一个"榻"字。汉榻一般较小，有仅容一人使用、实用而方便的独榻。简单的小榻还称"枰"。根据使用要求和场合的不同，东汉以后，更多的是供两人对坐的合榻，还有三人、五人合坐的连榻。从大量的汉代画像中可以看出，这些大型的汉榻不会小于卧床。

席坐文化时期，居室内常常采用帷幕、围帐来抵御风寒。到汉代，随着床榻的广泛运用，这一功能越来越多地被各种形式的屏风所替代。屏风既能做到布置灵活、方便，又能改变室内装饰效果，美化居室环境，因此，汉代的屏风成了汉代家具中最有特色的品种。当时的统治者们都竭力追求屏风的豪华，如《太平广记·奢侈》所记，西汉成帝时，皇后赵飞燕挥霍无度，所用之物极其铺张。有一次，她从臣下处得贡品三十五种，其中就有价值连城的"云母屏风""琉璃屏风"等。这些讲究材质和工艺的高级屏风，已成为当时一种珍贵的艺术品。在《盐铁论》中有所谓"一屏风就万人之功"的描述。汉代屏风的最早实物有长沙马王堆出土的彩绘木屏。该屏风长72厘米，宽58厘米，屏风正面为黑漆地，红、绿、灰三色油彩绘云纹和龙纹，边缘用朱色绘菱形图案。背面红漆地，以浅绿色油彩在中心部位绘一谷纹璧，周围绘几何方连纹，边缘黑漆地，朱色绘菱形图案。屏风系座屏式，虽是一件殉葬品，但真实地展现了西汉初期屏风的基本风貌。

汉代屏风多设在床榻的周围或附近，也有置于床榻之上的。形式除座屏以外，更多的是折叠屏风，有两扇、三扇或四扇折的，金属连接件十分精致。各种屏风与后世的式样并无多大差异。可以说，在中国古代家具史上，屏风是流传最久远、最富有民族传统特色的品种之一。

与汉榻配置密切的家具，除屏风以外还有几和案。汉几多见置于榻上或榻前，以曲栅式的漆几最普遍。各种凭几大多制作精良，富有线条感。《释名·释床帐》云："几，庪也，所以庪物也。""庪"即"藏"，故知汉几的功能不断得到扩大，有时还可以用它来放置东西，犹如案一样摆放酒食，甚至供人垂足而坐。另外，在朝鲜古乐浪和河北满城一号西汉墓中出土的漆凭几，几足可作折叠，可高可低，根据需要可加以调节，其设计之巧妙，构造之科学，对中国古代家具的发展有着特殊的意义。

汉代家具中常见的案，在规格、形制和装饰方法上都出现了很大的变化。除漆案以外，还有陶制和铜制的，品种有食案、书案、奏案等各种类别，从各方面满足了当时社会的需要。至于汉代是否有桌，至今仍存在着分歧，但从汉代一些画像砖和壁画等图像中，已经看到一些功能和形式都近似桌的家具。

综上所述，居室生活处在"席坐"向"坐榻"过渡的汉代，家具的品类和形式不断增多，功能也进一步得到改善和提高。这一时期的家具，虽然依旧形体低矮，结构简单，部件构造也较单一，在整体上仍保持着古代前期家具的主要风格和特点，但家具立面的形式变化较丰富，榫卯制造渐趋合理，为增进家具形体的高度奠定了良好基础。汉代家具在继承先秦漆饰优秀传统的同时，彩绘和铜饰工艺等手法日新月异，家具色彩富丽，花纹图案富有流动感，气势恢宏。

2 | 魏晋南北朝家具

魏晋南北朝时期，长期的社会动乱和国家的四分五裂，导致了中国古代社会体制的改革和变化。首先，汉族的传统文明与外来异族文明在相互交流中得到进一步的融合和升华，思想领域内儒、道、佛的互相影响和吸收，出现了许多新的文化，加上新兴士族阶层在各个方面所起的催化作用，使传统意识中的跽坐礼节观念很快淡化，社会的生活方式和民风习俗得到了自由发展的契机，中国社会进入了一个较开放的历史阶段。

这时，人们生活必需的家具，既有继承传统的品种和式样，又有西域等地传入的家具，从而使魏晋南北朝的家具形成了一种多元的局面。

△ 彩绘人物故事图漆屏风　北魏

△ 《列女图》中的家具陈设　顾恺之　东晋

在敦煌石窟285窟西魏时期的壁画中，有一幅山林仙人画像。仙人身披袈裟，神情怡然安详，姿态端正地盘坐在一把两旁有扶手、后有靠背的椅子上。这是中国古代家具史上迄今最早的椅子形象资料。它与秦汉时期的坐具明显不同，腿后上部设有搭脑，扶手的构造与后世椅子极其相像。除此之外，魏晋南北朝的新颖坐具有四足方凳、箱体形的凳子、细腰形圆凳和坐墩等。自受"好胡服、胡帐、胡床……京都贵戚皆竞为之"的影响，胡床、绳床等家具也广为流行。

依据魏晋南北朝出现椅子和胡床的现象，我们看到，中国古代家具在吸收外来营养中，得到了一次新的发展和提高。此后，中国家具形成许多新的形式。从先秦到两汉，随着居室生活的演进，中国古代的家具不断选择自己需要的形式。如最具有传统特色的屏风与坐榻，到魏晋南北朝期间，其坐身上部的围屏已完全失去了秦汉时屏风与榻组合作用的意义；虽然坐身仍然形体低矮，但围屏高度的比例已显著下降。这种仍称为"围榻"的坐具，与后世的一些椅子形式有着异曲同工之妙，在中国古代家具史上起着承前启后的作用。

△ 《列女古贤图》中的家具

至于胡床之类家具，始终只是保持着一种外来的式样，作为民族居室生活中的一种补充和点缀，并没有改变中国古代家具的传统。中国古代的坐具，仍是一如既往地在适应本民族生活环境中不断推陈出新，并从形体到结构上建立起一个完整独特的体系。

在魏晋南北朝时期，家具制造在用材上日趋多样化，除漆木家具以外，竹制家具和藤编家具等也给人们带来了新的审美情趣。

3 | 隋唐家具

隋朝前后三十七年，是一个十分短暂的时代，家具大多沿袭前代的形式。1976年2月，山东嘉祥县英山脚下发现一座隋开皇四年（584）的壁画墓，在墓室北壁绘有一幅《徐侍郎夫妇宴享行乐图》。图中设山水屏风的漆木榻上，有足为直栅形的几案，以及供女主人身后背靠的腰鼓形隐囊等，与南北朝的家具一脉相承。

繁荣强盛的唐代，是中国封建社会文明又一次高度发展的时期。在手工业极其发达和社会文化高涨的大氛围中，时代精神蒸蒸日上，诗、文、书、画、乐、舞等，进入了空前发展的黄金时代。充满琴棋书画、歌舞升平的文化生活环境，也赋予唐代家具丰富的内涵。家具除了随着垂足而坐的生活方式开始出现各种椅子和高桌以外，在装饰工艺上兴起了追求高贵和华丽的风气。

具有时代特征的唐代月牙凳和各种铺设锦垫的坐具，不仅漆饰艳丽，花纹精美，而且装饰金属环、流苏、排须等小挂件，显得五光十色，光彩夺目。瑰丽多彩的大漆案以及各种具有强烈漆饰意味的家具，与当时富丽堂皇的室内环境取得了珠联璧合、和谐得体的艺术效果。这种家具的装饰化倾向，在各类高级屏风上更显得无与伦比，受到当时诗人们的歌咏和赞叹。"屏开金孔雀""金鹅屏风蜀山梦""织成步障银屏风，缀珠陷钿贴云母，五金七宝相玲珑"以及"珠箔银屏迤逦开"等生动的描绘，展现出了一幅幅金碧辉煌、珠光宝气的屏风景象。这些屏风象征着当时人们的审美理想，说明人们在追求金、银、云母、宝石等天然物质美的同时，还格外热衷于精神文化在家具中的体现。因此，唐代出现了许多高级的绢画屏风，如新疆吐鲁番阿斯塔那出土的唐代绢画屏，八扇一堂，绘画精致，色彩富丽堂皇。在唐代壁画墓中，还能见到仕女画屏风、山水屏风等，都具有很高的文学性和艺术性。据文献记载，这种画屏价值很高，当时"吴道玄屏风一片，值金二万，次者值一万五千；阎立德一扇值金一万"。如此昂贵的画屏价格，足以证明唐代家具在人们日常生活中所具有的重要地位。

唐代是高形椅桌的起始时代，椅子和凳开始成为人们垂足而坐的主要坐具。唐代的椅子除扶手椅、圈椅、宝座以外，又有不同材质的竹椅、漆木椅、树根椅、锦椅等。众多的品种、用材、工艺，充满着浓郁的时代气息。唐代高形的案桌，在敦煌85窟《屠房图》、唐卢楞伽《六尊者像》中也有具体的形象资料，如粗木方案、有束腰的供桌和书桌等。另外，唐代还出现了花几、脚凳子、长凳等新的品种。当然，唐代在一定程度上还未完全离开以床、榻为中心的起居生活方式，适应垂足而坐的高形家具仍属初制阶段，不仅品类的发展不平衡，形体构造上也依旧处于过渡状态。

△ 《六尊者像》中的家具陈设　卢稜伽　唐代

△ 《伏生授经图》中的家具陈设　杜堇　唐代

△ 《历代帝王图》中的家具陈设　阎立本　唐代

4 | 五代家具

五代时期的家具，根据《韩熙载夜宴图》所绘的凳、椅、桌、几、榻、床、屏、座等看，已经十分完善。但也有人认为画中的家具为南宋作品。画中的这些家具，究竟属于五代还是南宋作品，很值得考证一番，这不仅为《韩熙载夜宴图》的创作年代提供论据，而且对中国古代家具的断代也有着重要的作用。

不过，我们从周文矩的《重屏会棋图卷》和王齐翰的《勘书图》中，都可以对五代时期的屏风、琴桌、扶手椅、木榻等家具的造型和特征获得深入的了解。当时，四足立柱式样与传统壶门构造的家具结构已经同时发挥出它们的造型作用，并在结构的转换中逐渐确立起自己的地位。

△ 《重屏会棋图》中的家具陈设　周文矩　五代

△ 《韩熙载夜宴图》中的家具陈设　顾闳中　五代

△ 《勘书图》中的家具陈设 ﹒王齐翰　五代南唐

　　1975年4月江苏邗江蔡庄五代墓出土的木榻等家具实物，为我们提供了五代时期家具结构真实而具体的范例。木榻长188厘米，宽94厘米，高57厘米。榻面采用长边短抹45°格角接合，但没有格角榫出现，仅采用钉铁钉的做法构成框架。两长边中间排有7根托档。托档上平铺9根长约180厘米、宽3厘米、厚1.5厘米的木条，也用铁钉钉在托档上。托档与长边连接时，皆用暗半肩榫。木榻四腿以一平扁透榫与大边相接，并用楔钉榫加固。腿料扁方，中间起一凹线，从上至脚头的两侧设计两组对称式的如意头云纹，富有强烈的装饰效果。两侧腿足间设有宽4.2厘米、厚2.6厘米的横档一根。腿足与两大边相交处设有云纹角牙一对，也是采用铁钉在大边上，只是与脚部相接处采用了斜边。同时出土的还有六足木几等家具。

　　这件木榻与五代绘画中的家具图像有着相同的时代特征，是五代家具难得的实物资料，在中国古代家具史上具有明确断代的价值。其中如意头云纹作装饰的扁腿，是富有鲜明传统特点的民族式样之一，它自隋唐一直延续到宋元，前后经历近千年的历史。明清家具中的如意云纹角牙，也都源自于此。

△ 《绣栊晓镜图》中的家具陈设 王诜 宋代

四
宋元家具

封建社会文明的丰硕成果，在两宋时代取得了更大的收获，增添了许多新的韵味。在传统的手工业部门，纺织和陶瓷都以最卓越的成就超过历史水平，中国传统家具也焕发出一种新的精神面貌，表现出新的生命力。

△ 《听琴图》中的家具陈设 赵佶 宋代

经过魏晋南北朝和隋唐的长时间过渡，结束了"席坐"和"坐榻"的生活习惯，垂足而坐的生活方式在社会生活的各个领域里渐渐地相沿成俗。在茶肆、酒楼、店铺等各种活动场所，人们都已普遍地采用桌子、椅凳、长案、高几、衣架、橱柜等高形家具，以满足垂足而坐生活的需要。生活中原先与床榻密切关联的低矮型家具都相应地改变成新的规格和形式。如在河南禹县白沙宋墓一号墓西南壁的壁画以及宋代绘画《半闲秋兴图》中，都已把妇女们梳妆使用的镜台放到了桌子上。陆游在《老学庵笔记》中也对这种情景作了记载。

关于两宋时代的家具，我们从大量的宋代绘画作品，发掘出土的墓室壁画、家具模型以及有关文献资料中不难看到，在形式上，它已几乎具备了明代家具的各种类型。如椅子，宋代已有灯挂式椅、四出头扶手椅似玫瑰椅的扶手椅、圈椅、禅椅、轿椅、交椅、躺椅等，一应俱全。虽然其工艺做法并未完备，但各种结构部件的组合方法和整体造型的框架式样，在吸收传统大木梁架的基础上业已形成，并且渐渐得到完善，如牙板、角牙、穿梢、矮柱、结子、镰把棍、霸王档、托泥、圈口、桥梁档、束腰等。从家具形体结构和造型特征上，宋代已采用硬木制造家具。如《宋会要辑稿》记载：开宝六年（973），两浙节度使钱惟进有"金棱七宝装乌木椅子、踏床子"等。乌木木质坚硬，为优质硬木，做成的椅子且作"七宝装"，足以说明当时江南制造硬木家具的水平。史籍记载的木工喻皓是江南地区一位杰出的能工巧匠，《五杂组》中誉他为"工巧盖世""宋三百年，一人耳"。传说他著有《木经》三卷，可惜没有流传下来。宋代的《燕几图》是我们现在见到的第一部家具专著，这种别致的燕几是适合上层社会贵族使用的一种"组合家具"。

从总体上看，宋代家具至少在以下三方面从传统中脱颖而出：一是构造上仿效中国古代建筑梁柱木架的构造方法，形体明显"侧脚""收分"，加强了家具形体向高度发展的强度和坚固性，并已综合采用各种榫卯接合来组成实体；二是在以漆饰工艺为基础的漆木家具中，开始重视木质材料的造型功能，出现了硬木家具制造工艺；三是桌椅成组的配置与日常生活、起居方式相适应，使家具更多地在注重实用功能的同时表现出家具的个性特征。宋代家具已为中国传统家具黄金时代的到来，打下了坚实的基础。

辽、金与两宋同处一个时代，我们从辽、金的家具中同样能了解到当时家具工艺的许多特色。如内蒙古解放营子辽墓出土的木椅和木桌，河北宣化下八里辽金墓出土的木椅和木桌，大同金代阎德源墓出土的扶手椅、地桌、供桌、账桌、长桌、木榻等，均反映出它们与两宋的社会生活是相互融通的。出土的各种家具，工艺构造比较简单、粗糙，但基本结构造型与宋制并无多大差异。辽、金地区出土的两件床榻，虽表现出一定的地方特色，但时代性倾向大于地区性。解放营子辽墓木床的望柱栏杆和壶门等装饰方法，都与唐宋以来的传统相接近。从许多辽、金墓室壁画的居室生活图像中，更能看到与两宋文化的密切关系，辽、金的家具也反映着相同的文化倾向。

在元朝统治期间，中国古代家具依旧沿着两宋时期的轨迹，继续不断地发展和提高。家具的品种有床、榻、扶手椅、圈椅、交椅、屏风、方桌、长桌、供桌、案、圆凳、巾架、盆架等。较有代表性的是元代刘贯道绘《消夏图卷》中的木榻、屏风、高桌、榻几和盆架等，与宋代家具一脉相承。山西大同冯道真墓壁画中的方桌，在保持宋代基本做法的同时，桌面相接处牙板彭出，体现了一种新的形体特征。山西文水北裕口古墓壁画中的抽屉桌，在注重功能的同时又对构造做了新的改进。腿足彭出在山西大同元代王青墓出土的陶供桌以及大同东郊元代李氏崔莹墓出土的陶长桌上都很明显。这种被考古界称为"罗汉腿"的腿式，不仅是带有地方风格的形式，也是宋代以来普遍流行的一种新的造型式样。

在赤峰元宝山元墓壁画、元代山西永乐宫壁画以及以上一些元墓出土的明器中，家具的弯脚造法和花牙的部件结构更趋向成熟。如彭牙弯腿撇足坐凳，已达到极其完美的程度。

元代家具的木工工艺继两宋以后又取得新的成果。山西大同东郊元墓出土的两件陶质影屏明器，已是发展了的建筑小木作工艺的优秀体现，不管是部件结构的组成方式，还是装饰件的设计安排，都遵循木工制作高度科学性的要求，以合理的形式构造表达了人们对居室家具的审美观念。

五
明代家具

明代家具是在宋元家具的基础上发展起来的，并达到前所未有的完美境界。明代家具的主要产地在苏南地区。究其原因，除历史的传承和积淀外，明代家具的形成，离不开当时的社会条件。

　　1368年，朱元璋建立了明政权后，手工业迅速兴旺起来，并出现大批工商业城市，全国的经济空前繁荣。明朝最初定都南京，依托于山清水秀的江南地区，丰富的物产，悠久的历史文化，滋润着各类艺术品的发展，成为"南北商贾争赴"的经济中心。除南京外，苏州也是一个"五方杂处，百业聚汇，为商贾通贩要肆"的城市，同时这里也是当时的工艺品生产中心，像丝绸、刺绣、裱褙、窑作、铜作、银作、漆作、玉雕、首饰、印书、制扇与木作等，都遥遥领先于其他地区。这些经济与文化上的区域优势，都为明代家具的生产制作，创造了得天独厚的条件。

　　明朝时期，航海技术的提高，使海外贸易得到空前的恢复与发展。明代的社会稳定与经济发展，促使我国与海外建立了广泛的贸易关系，当时的主要海外贸易国家有日本、东南亚各国与南洋诸岛。明永乐至宣德年间，杰出的航海家郑和率领浩浩荡荡的船队七下西洋，写下了世界航海史上的辉煌一页。当时中国的船队带去了瓷器、丝绸、茶叶、棉布，返回时除其他贸易品外，还带回了东南亚地区大量的优质硬木料，如紫檀木、花梨木等。这些优质木材通过海运源源不断地抵达中国，为明代家具制作提供了充足的物质条件。另外，与日本的贸易，也带来了东洋的漆器镶嵌工艺。

◁ **黄花梨夹头榫平头案　明代**

长103.5厘米，宽51厘米，高84厘米

　　案面以标准格角榫造法攒边打槽装纳独板面心，下有三根穿带出梢支承，皆出透榫。抹头亦可见明榫。边抹冰盘沿上舒下敛至压窄平线。带侧角的圆材腿足上端打槽嵌装素面耳形牙头，再以双榫纳入案面边框。桌脚间安两根椭圆梯枨。造型简洁，不事雕饰，铅华洗尽，尽显黄花梨材质之珍贵和木纹之美丽。牙板光素未调一刀，俗称"刀子板"，干净利落。圆腿微撇带侧角，脚踏实地，是明代书案的典型特征。

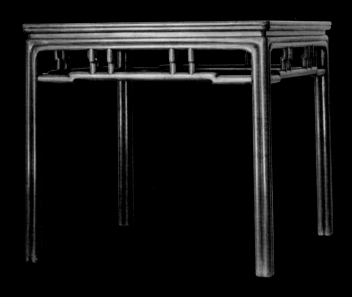

△ **黄花梨仿竹六仙桌　明代**

长87厘米，宽32厘米，高83厘米

　　桌面以格角榫造法攒边，打槽平面镶独板面心，下装两根穿带出梢支承，另有相交穿带加强承托。抹边立面起双混面。形状相似的牙条与束腰为一木连造，以抱肩榫与劈料腿足结合。牙条与罗锅枨之间栽入四根格肩竹节形矮老。此桌子设计受竹质或藤编家具影响，当时此种以珍贵木材仿制一般到处可见的竹材或藤编家具，想必是反映文人内敛不求外炫的心态。

　　方桌依体形大小可称为八仙、六仙或四仙桌。虽非单一用途，但常为餐桌使用。其名与可供坐人数有关。

◁ **黄花梨无束腰瓜棱腿方桌　明代**

长99厘米，宽99厘米，高84厘米

　　桌面攒框两块一木对开的心板，下设穿带。无束腰，攒牙子边缘起线，长短木料圆角相接。桌腿起瓜棱线，俊俏挺拔。

◁ **黄花梨圆腿顶牙罗锅枨瘿** **明代**

长104厘米，宽73厘米，高87厘[米]

　　这张酒桌结构完美，比例[匀称，做]工考究，其线条的运用和空间[的分]割颇有功力，是明代家具优雅[造型的代表。]面心采用整张楠木瘿木制成，[用不]同的材料来完成生动的装饰效果[。]

[黄花梨]四出头官帽椅（一对）　明代

[宽60厘米]，深48厘米，高113.5厘米

[四]出头官帽椅在座椅品级中，是身居高位者的坐椅。它匀称的雕刻与艺术的线条，成为最受人们欢[迎的椅子之]一。这对四出头官帽椅具有典型的样式——全无雕刻饰品，却有雕刻的流畅线条，可与苏州出[土明代王锡]爵墓中的袖珍家具，以及常见晚明木刻版画中的典型四出头官帽椅相比较。

[其柔]和的圆头形搭脑和双曲线素靠背板流畅地相接，使整体产生圆润及简洁感。扶手在鹅脖处出头，[并配有联帮]棍。椅盘以明榫格角榫攒边法制造，在透眼处与抹头齐；下有两根弯带加强椅面作用。原来的软[屉已改为硬屉]板，椅盘下安置弧度优美的起线壸门券口牙子；两侧及后面则为素牙子。传统的椭圆形扁平横[枨使椅子牢]固，踏脚枨下的牙子尺寸合宜，与上面的牙子相互配合，可谓美材美器。

△ **黄花梨南官帽椅（一对）　明代**

宽64厘米，深49厘米，高99厘米

　　通体光素，扶手和靠背呈圆弧状，使乘坐者舒适地被包围在椅子中。软藤座面。正面和侧面装细木料做成的券口牙子，横直枨加矮老。此椅搭脑与后腿、扶手和前腿以斜接方式连接，并以铜皮加固，这种做法在南官帽椅中并不多见。

△ **黄花梨攒镶鸡翅木矮靠背小禅椅（一对）　明晚期**

宽51.5厘米，深44.5厘米，高94.5厘米

　　此对椅直搭脑，造型少见。为一木而刻出三段相接之状，折转有力。靠背板平直宽厚，正中嵌鸡翅木板。椅盘下装素面刀牙板，腿间设步步高赶枨，正面脚踏下装素牙条。

　　该黄花梨椅造型独特，座面偏矮，造型奇妙，工艺独特。但整椅形态稳重，气韵沉静，有仙风道骨之感，堪称禅椅。

明代是我国古代建筑与园林最兴盛的时期。当时，上至皇宫官邸，下到商贾士绅，都大兴土木，建造豪宅与园林，这些都需要家具来配套与装饰点缀。这种客观的需求极大地刺激了家具业的发展。明代皇帝不仅重视家具，甚至还亲自制作家具，据说他们的技艺有时甚至超过御用工匠，明天启皇帝就是其中的一位佼佼者。皇帝如此，大臣更不甘落后。据史书记载，大官僚严嵩在北京与江西两地的屋宅房舍，竟多达8400余间，由此可见豪强官邸对家具需求的惊人程度。另外，明代的园林遍布江南，据《苏州府志》记载，苏州在明代共建有园林271处，这就需要珍贵的高档次家具来装置与陈设。

造就明代家具辉煌成就的，还有一个极其重要的因素，那就是文人的参与。例如我们从唐寅的临本《韩熙载夜宴图》中发现，他在画中增绘了20余件家具，这件事充分说明了文人对家具的特殊兴趣。又如文徵明之后人文震亨编写的《长物志》中，就对宅园中的各种家具，如床、榻、架、屏风、禅椅、脚凳、橱、弥勒榻等，都依据文人的情趣与审美观念进行了评述。因为有了文人的参与，孕育了明代家具丰富深刻的文化底蕴。

△ 黄花梨雕牡丹圈椅（一对） 明代

　　明式家具的造型艺术和工艺技术，是当时世界上的最高水平。它线条简练，风格典雅，造型优美，朴实大方，无烦琐冗赘之弊；结构科学、比例适度、使用舒适，榫卯精巧，坚固牢实，选材精良，重视纹理和色泽。明代家具与以前家具相比具有以下特点：制作工具先进；制作材料发生了变化；追求天然的木质纹理之美；家具形体结构严谨，造形装饰洗练；家具款式系统化。

　　宋元家具的品种已相当发达，但并无明确的功能划分，到了明代，出现了以建筑空间功能划分家具，形成了厅堂、书斋与卧室三大系统。在家具的陈设上，产生了以对称为基调的格式，从而奠定了中国古典家具款式的基础。

△ 河南黄花梨案头托盘　明代
长33.5厘米，宽23.5厘米，高25厘米

▷ 黄花梨顶箱柜　明代
长89.5厘米，宽47厘米，高163厘米
　　整器分上下两部分，上端高柜与下端立柜皆以铜合叶及面叶相连，开合自如，工艺精准。直腿间置光素刀子形牙板，余则全无雕饰，使观者的目光自然聚焦于黄花梨天然纹理之上。

△ **金丝楠木方柜　明代**

长68厘米，宽38厘米，高100.5厘米

　　柜顶为标准格角攒边打槽平镶面心。四根方材腿直落地面，棕角榫与柜顶边框结合，下饰素牙条。柜门每扇分为三段打槽装板，落膛踩鼓，装有白铜方形合叶、面叶、钮头、夔龙吊牌及铜锁。

△ **红木长方花几（一对）　清代**

长62厘米，宽47厘米，高112厘米

六
清代家具

　　清代家具继承了明代家具采用优质硬木的传统，同时它又汲取了外来文化的影响，并形成了绚丽、豪华与繁缛的富贵气，取代了明式家具的简明、清雅、古朴的书卷气，显得"俗"气，使得它的艺术价值不如明代家具。

△ **红木方桌　清代**

长93厘米，宽93厘米，高88厘米

△ 红木雕吉庆圈椅（一对） 清代

宽61厘米，深47厘米，高96厘米

△ 红木下卷琴桌 清代

长128厘米，宽41厘米，高83厘米

△ 黄花梨书箱　清早期

长40厘米，宽22厘米，高16厘米

　　这只黄花梨书箱造型典雅，宝光莹润，纹理
美观。尤其值得称道的是它考究的制作工艺：所
有对称的看面均是以木对开，立墙内外圆角相
接，箱顶微向上拱，白铜云头拍子嵌紫铜，采用
平卧式安装。

　　清代家具的发展与形成，可以分为三
个时期。清初期，统治者为了有效地控制
全国，使国家经济得到恢复与发展，在许
多方面都继承了明代传统，家具制造也不
例外，基本保持了明式的工艺风格。自雍
正至嘉庆年间是清代家具发展的鼎盛时
期，该时期是清代历史上国力兴盛时期，
家具生产在明式家具的基础上走出了自己
的模式，尤其是乾隆时期，使家具生产步
入了高峰，其风格反映了当时强盛的国势
与向上的民风，世称"乾隆工"，为后世
留下了相当多的珍品，被视为典型的清式
风格。自鸦片战争后，西方的家具文化不
断涌入，使传统的家具风格受到了猛烈的
冲击，从而使强盛的清代家具走向衰退。

△ 红木官帽椅、几（三件）　清代

椅：宽55厘米，深45厘米，高104厘米

几：长43厘米，宽32厘米，高72厘米

　　清代，版图辽阔，物阜民丰，兼之国力强盛，四海来朝，八方入贡，极大地促进了经济的发展，而经济的发展创造出来的丰富的物质条件，又使民间工艺美术发展获得了雄厚的基础。清代的艺术美术，在沿袭明代基础的水平上，发展普及程度明显达到一个新的高度，艺术门类多姿多彩，艺术流派争奇斗艳，理论著述琳琅满目，由于生产力的发展及商品经济的繁荣，对社会生活方方面面都产生了重要的影响。

　　创造精神生活与文化享受。可以说，清代是中国工艺美术发展集大成的顶峰时期，这一时期的陶瓷、玉器、竹木牙角金属，漆器等各种工艺美术门类都得到了很大的发展与提高。作为起居必备的家具亦不例外。

　　回顾家具发展史，清代可以说是家具制作技术臻于成熟的顶峰时期。由于顺治、康熙、雍正、乾隆等朝政府孜孜不倦的努力，至清中期，清代的社会经济达到了空前的繁荣。由于国库充盈，使清统治阶层能够拿出大笔金钱用于满足纸醉金迷的生活。同时，由于这一时期的版图辽阔，对外贸易频繁，南洋地区的优质木材被源源不断地输送而来，这为家具的制作提供了充足的原材料。另外，清初手工业技术的迅速发展和统治阶层豪奢心态的需要，对清式家具风格的形成起到了促进作用。

　　清代家具以广州（广式）家具、苏州（苏式）家具和北京的宫廷家具为这一时期的主流家具，它们各代表了一个地区的风格特点，被称为代表清代家具的三大名作。此外还有上海的红木家具、云南的镶嵌大理石家具、宁波的骨嵌家具、山东潍坊的银丝家具等。

　　清代家具的艺术成就虽不如明式家具，但在中国古典家具的大家族中，清式家具仍占有重要的地位，尤其是乾隆至嘉庆年间的家具，仍具有较高的收藏价值。其中以紫檀家具为典型代表。

◁ **红木长方桌　清代**
长62厘米，宽31厘米，高23厘米

△ 黑漆地描金云龙翘头案　清中期

长104厘米，宽86.5厘米，高35厘米

△ 红木扶手椅（一对）　清代

宽57厘米，深44厘米，高92厘米

△ **紫檀雕西洋花纹八仙桌扶手椅（三件）　清代**

椅：宽87厘米，深87厘米，高81厘米

几：长120厘米，宽62厘米，高48厘米

　　扶手椅为紫檀木制成，具壳状搭脑颇具巴洛克风格，下接瓶形靠背，靠背板及两侧扶手均雕西洋花纹，座面下有束腰，上饰蕉叶纹。束腰下的牙条也饰有西式风格的宝珠纹，椅腿三弯，腿上部雕西洋花纹，足部作鹰爪爪球状落在带圭角的托泥之上。所配紫檀八仙桌与扶手椅雕饰多卷曲柔婉不同，独取方正平直，桌面攒框装板，冰盘沿线脚，面下束腰雕西式卷草花纹，束腰下素牙条，牙条下又接雕西番莲纹牙板，方腿直足内翻马蹄。线脚虽异，但纹饰相合，三件一套可谓相映成趣。

　　清式家具，尤其是宫廷用具，出现了雕漆、填漆、描金的漆家具，同时木雕和玉石、象牙、珐琅、瓷片、文竹、椰壳、黄杨、贝壳等镶嵌工艺也大量运用。清式家具较之明式家具，虽富丽堂皇，却有烦琐堆砌、华而不实之弊，此种弊病到了后期愈演愈烈。不过清代的民间家具，还是以实用经济为原则，基本保持了简朴大方、坚固适用的传统特点。

　　清代家具在工艺技术方面具有如下特点：追求绚丽、豪华与繁缛的富贵气；用材厚重、体态宽达；装饰手法艳丽夺目；地方流派派别多样，各具特色。

第二章

家具的常用木材

一
紫檀木

紫檀木作为中国古典家具中最为名贵的一种木材，其价格也是最高的，因此对它的鉴定就显得尤为重要。鉴定紫檀木家具的真伪主要有以下几个方面。

△ **紫檀仿巴洛克式西洋花扶手椅、几（三件）　清代**

椅：宽62厘米，深48厘米，高120厘米

几：长62厘米，宽48厘米，高72厘米

扶手椅为紫檀木制成，贝壳状搭脑颇具巴洛克风格，下接瓶形靠背，靠背板及两侧扶手均雕西洋花纹，座面下有束腰，上饰蕉叶纹。束腰下的牙条也饰有西式风格的宝珠纹，椅腿三弯，腿上部雕西洋花纹，足部作鹰爪爪球状落在带圭角的托泥之上。

▷ **紫檀雕云蝠小书柜（一对）　清代**

长48厘米，宽35厘米，高172厘米

书柜紫檀木制成，柜顶四面平式，上三层三面镶装俯仰山字棂格围子，中安带铜拉手抽屉一具，屉面板在委角方形开光内雕云蝠纹，抽屉下设一柜，柜门也在委角方形柜内雕云蝠纹，安铜质面叶、吊环、合叶，侧面立墙落膛踩鼓，光素无纹，直腿内翻马蹄，腿足间安拐子纹牙条。

（1）与拼凑木料的鉴别

晚清因紫檀木大料渐渐稀少，出现一些碎料拼凑的紫檀木家具。如果是碎料拼板包镶后再雕刻花纹的话，多属清末与民国时期旧家具行专为赚钱而做的假古董家具。

（2）与红木黑料的鉴别

以紫檀木制成的家具，其中面板料可能选用红木黑料替代，二者色泽融合一致，全靠髹漆工艺技术。二者的原材料可做试验鉴别，将它们的刨花或木屑分别放置在盛有白酒的杯中，其酒变为紫红色的，则称为紫檀木料；其酒液变为黑色的，则称为红木黑料。

（3）鉴别金星紫檀

对于紫檀材质的鉴别，旧时古玩行里有不少传说。其实，商人们所说的紫檀，是宫廷极品紫檀，即我们现在说的金星紫檀，最受研究者和收藏家的青睐。金星紫檀色泽深紫，纹理密布，细如牛毛，经打磨后纤维间闪现出灿若金星的光点。有的家具由于表面附有厚厚的包浆，牛毛纹和"金星"都无法分辨，但由于这种家具特有的卓尔不群的宫廷风范，只要稍加辨认，还是不难鉴别的。

（4）鉴别鸡血紫檀

所谓的鸡血紫檀也是紫檀，但至今还不为一些收藏家认可。它没有牛毛纹和"金星"，并常常显现出大面积的黑红相间的色斑。鸡血紫檀有时

△ **紫檀缂丝插屏　清代**

长34厘米，宽26厘米，高59.5厘米

插屏是屏扇与屏座可装可卸的座屏、砚屏等的统称。此屏屏座与屏扇之框架皆由紫檀制成，屏扇中央开光嵌黄绢，绢上以刺绣、缂丝等工艺绘"鸳鸯戏水"图，只见青莲摇曳，浮水涟漪之间有两只鸳鸯逍遥戏水，情境动人。左下角有书斋款。

易与红木混淆，可是，它料性上不如金星紫檀，但作为紫檀的木质特征还是远胜于红木，不管是在有雕饰纹样，还是光素时，均有着超越其他木质的独特特征。

（5）鉴别民国紫檀

民国紫檀出现在晚清至民国时期，与前两种紫檀相比，有明显的时代特征。民国紫檀色泽黑中略闪灰黄色，家具的做工已完全摆脱了清前期受外来影响形成的模式，更多的是晚清和民国的风格。另外，因为民国紫檀性脆，因而光素者较有雕工者为多。民国紫檀家具由于不再是宫廷工匠所制作，宫廷气息几乎荡然无存，有的往往是世俗味道，不那么含蓄。

（6）鉴别花梨紫檀

有一种勉强可称作紫檀的木料，一般称它为花梨紫檀。花梨紫檀的出现时间大致与民国紫檀相当甚至更晚一点，是商人们狗尾续貂而寻找的替代品，纹理粗糙，乌涂不亮，即便是旧物也难有包浆。

二
黄花梨

△ **黄花梨圆角柜　明代**

长97厘米，宽49厘米，高150厘米

此件圆角柜通体光素，柜顶喷出，有闩杆，门板和侧山用楠木细瘿木对开而成，木门轴。原皮壳包浆，原配铜活。数百年间未曾修理，十分难得。

黄花梨，是中国古典家具材质上与紫檀木相提并论的最珍贵的木材，是明代家具的首选木材。

黄花梨，历史上并没有这种名称，而只有花梨。20世纪20年代时，著名的古建筑学家梁思成等组织了一个中国营造学社，开始了我国最早的明式家具的研究。当时为了区分新老花梨，就将明式家具老花梨冠以"黄"字，称为"黄花梨"，从此才有了黄花梨这个名称。

花梨，又叫花榈，因其纹类狸斑，又名"花狸"。花梨属于玫瑰木，故西方国家又称为玫瑰木。现在我们所称黄花梨，一般是指明末清初时的花梨木。它的心材为深褐红色，边材淡黄至黄色，颜色外浅里深，木材肌理细腻，并间着深褐色斑纹和木材的淡黄色调对比，形成幽美的纹络，充分表现出木质的天然之美。黄花梨的色泽不静又不喧，纹理若隐若现，行若流云。黄花梨的木结，圆晕如钱，大小相错，极为美观，妙不胜言。

黄花梨之所以成为古代家具首选之木，不易变形是个重要原因。我们知道，木材的膨胀收缩是影响家具优劣的直接原因之一。而在中国古典家具制材上，黄花梨的缩胀率最小，在北方的气候环境下，它的缩胀率大约在1%左右，尤其是在皇宫冬天使用火炉烘烤的情况下，它仍能保持较稳定的缩胀性，这就使黄花梨家具充分显示出其不同凡响的特色。

黄花梨的手感温润，也是它的优点。明代的黄花梨家具，主要是提供给宫廷及达官显要们使用的，地理环境以北方为主。到了冬季，紫檀木的硬度高，握在手中感觉冰凉，刺激。而黄花梨由于硬度适中，手感温润、细腻，没有那种冰凉感，这就非常适应生活的需要，也给黄花梨家具带来了无可替代的优越性。

△ **黄花梨翘头案　清早期**

长182.5厘米，宽40厘米，高84.5厘米

　　此翘头案选用上等海南黄花梨，纹理如行云流水。案面独板，两边平装翘头。夹头榫结构，卷云纹牙子，腿间上部条环板雕桃形纹饰，下部挡板浮雕双凤含珠，足下承托泥。其造型紧凑而不拘谨，简洁疏朗，刀法细腻，包浆厚实。

黄花梨是仅次于紫檀的名贵之木，今天能见到的正宗的黄花梨家具，基本上都是清乾隆年以前的家具。一般来讲，都归属于明式家具，它的主要产地应该是苏州地区。明代比较考究的家具多用黄花梨木制成。黄花梨木的这些特点，在制作家具时多被匠师们加以利用和发挥，一般采用通体光素，不加雕饰，从而突出了木质纹理的自然美，给人以文静、柔和的感受。到了清雍正、乾隆以后，色泽浓重的紫檀取代了黄花梨，广式家具居于中国家具的主导地位，加上清前期大量使用黄花梨，使得木源枯竭，于是黄花梨就从中国家具舞台上隐退了下来。今天，我们能见到不少小件黄花梨器具，如小插屏、盒匣、笔筒等，尤其是黄花梨笔筒颇负盛名。

△ **黄花梨镶百宝笔筒　清乾隆**
直径22厘米，高21.5厘米
笔筒精选上乘大料黄花梨整料制成，圆口，直壁，采用砗磲、玛瑙、玉石、象牙、珊瑚等精材镶嵌山石、花卉、鸟虫等典雅图案。

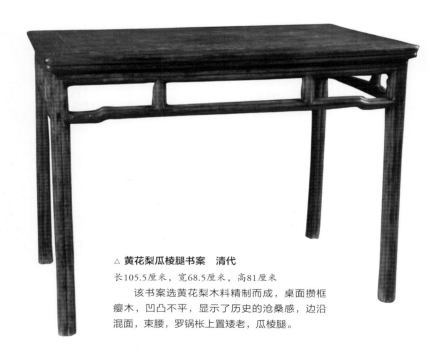

△ **黄花梨瓜棱腿书案　清代**
长105.5厘米，宽68.5厘米，高81厘米
该书案选黄花梨木料精制而成，桌面攒框瘿木，凹凸不平，显示了历史的沧桑感，边沿混面，束腰，罗锅枨上置矮老，瓜棱腿。

△ 黄花梨折叠式炕案　清早期

长79厘米，宽32厘米，高62厘米

　　这件炕案造型独特，壶门牙板内装木轴，桌腿可以向内折叠收起，可以按正常高度陈设，又可降低高度使用，足见匠心独运。

△ 海南黄花梨笔筒　清代

直径15.5厘米，高20.6厘米

△ 黄花梨官帽椅（一对）　清早期

宽65厘米，深52厘米，高97厘米

　　黄花梨的主要产地以我国广东与海南为主。明初王佐增订《格古要论》讲到："花梨出南番广东，紫红色，与降香相似，亦有香。"所以，广州称黄花梨为"降香"。1956年侯宽昭主编的《广州植物志》，将海南岛的降香花梨称为"海南檀"，实际上它就是有别于新花梨而专指传统意义上的黄花梨，于是"海南檀"成了黄花梨的学名。1980年成俊卿主编的《中国热带及亚热带木材》一书，又对侯宽昭有关黄花梨的定名作了修正，定为"降香黄檀"。其理由是："本种为国产黄檀属中已知唯一心材明显的树种。""心材红褐至深红褐或紫红褐色，深浅不均匀；常杂有黑褐色条纹。"

　　目前市场上流通的所谓"黄花梨"绝大多数为越南花梨、老挝花梨、缅甸花梨、柬埔寨花梨等，其色彩纹理与古典家具中的黄花梨稍有接近，推丝纹极粗，木质也不硬，色彩也不如海南黄花梨鲜艳。通过对木样标本进行比较，在众多黄花梨品类中，当首推海南降香黄檀为最。

　　海南降香黄檀主要生长在海南岛的西部崇山峻岭间，木质坚重，肌理细腻，色纹并美。东部海拔较低，土地肥沃，生长较快，其树木质既白且轻，与山谷自生者几无相同之处。

△ **海南黄花梨独板靠背圆头圈椅、茶几（三件）　清代**

圈椅：宽61厘米，深48.5厘米，高97厘米

茶几：长47.5厘米，宽41.5厘米，高71厘米

　　海南黄花梨老料，五接上圈，扶手线条流畅。独板弧形靠背，上段开光浮雕云朵螭龙纹。螭为传说中龙的别称。此圈椅座面格角攒边，镶板落膛踩鼓，洼膛堆肚镶板。座面下洼膛肚壶口牙子延边起线，上方齐头碰椅盘下，两侧嵌纳入腿足，底端处榫纳入踏脚枨。四立柱与腿足一木连做，左右两侧及后方安方材混面步步高赶枨，踏脚及左右两侧管脚枨下各安一素牙子。

三
乌木

　　乌木，是一种黑色的硬木，也是传统家具中一种较为珍贵的木材。

　　乌木的使用历史可追溯到晋朝以前。晋朝的崔豹在《古今注》中说道："乌木出波斯国。"由此可见，我国最早使用的乌木是进口来的。当时乌木随古丝绸之路的货队，万里迢迢从中亚细亚运进中国，其身价肯定很高。当时是否用来加工家具，既无史书记载，亦无出土实物可以佐证。乌木在古代的称呼不少，《诸蕃志》称其为"乌槜木"，明黄省曾所著《西洋朝贡典录》里又叫"乌梨木"，还有叫"乌文木"的。

　　乌木属柿科植物，它是热带常绿亚乔木，叶似棕榈，叶长椭圆形而平滑，花单性，淡黄，雌雄同株。其木坚实如铁，老者纯黑色，光亮如漆，可为器用，人多誉为珍木。

　　在我国的海南、云南及两广地区都有乌木树源。乌木像红木一样，品种很多，并非指一种树木。《南越笔记》载："乌木，琼州诸岛所产，土人折为箸，行用甚广。志称出海南，一名'角乌'。色纯黑，甚脆。有曰茶乌者，自做番泊来，质甚坚，置水则沉。其他类乌木者甚多，皆可作几杖。置水不沉则非也。"明末方以智《通雅》称乌木为"焦木"："焦木，今乌木也。"注曰："木生水中黑而光。其坚若铁。"可见，乌木可分数种，木质也不一样，有沉水与不沉水之别。历史上除了南洋群岛及中亚地区有出产外，在非洲也有大量出产。聪明的非洲艺人，用它来雕刻成一件件形态古拙、造型传神的艺术品，或人物，或走兽，千姿百态，成为世界艺林的瑰宝。

　　乌木色黑，一般纹理不明显；它像红木一样，很沉重，能沉于水；它的质地很坚硬，有坚实如铁之称；但乌木性脆，易裂，成器的乌木表面常见细碎裂口。乌木一般大料很少，所以乌木家具并不多，大多是一些小件盒子之类的东西。乌木的芯材色黑如墨，发亮，永不褪色，浅色木材伐后放在水里浸泡一段时间，就会变黑。乌木的纹理极为细密，在家具制作中，常常是以镶嵌装饰而著称，例如与黄花梨等浅色木材搭配，一冷一暖，对比色彩效果很有情趣。

　　乌木树径小，更多地用来作雕刻品。乌木雕归属古玩杂项，常见的大多是

吉祥之物，如象、羊、龙等。另外，它还可作日常生活用品。用乌木做筷子很
有名，《红楼梦》中就有关于三镶乌木银筷子的描写，这是一种很高档的餐
具。民间比较多的是两头包银，现在古玩市场上常能见到。平民百姓家的乌木
筷，就像是竹筷一样，并无装饰。据说乌木有明目的功能，还是制作民族乐器
的良材。

　　与乌木相似的，还有一种"栌木"，有时两种木材通称为一类。《滇海虞
衡志》载："乌木与栌木为一类。"

△ 乌木绿石插屏　明代

长26厘米，宽15厘米，高47厘米

△ 金丝楠大笔筒　明代

直径25.5厘米，高47.4厘米

此笔筒采用大段金丝楠木旋凿而成，不饰雕饰，挺拔舒展，通身素亮，楠木天然纹理清晰，淡雅文静，质地温润柔和。

△ 楠木佛龛　清代

长56厘米，宽36厘米，高115厘米

由顶箱柜和佛龛两层组成，为当时富贵家庭居家供佛之器。设计精致到位，以镂空、浅浮雕技法装饰荷花、荷叶，所谓佛生荷花，装饰纹饰洋溢佛家气氛。

四　楠木

楠木是中国古典家具中重要的木材之一，是一种软质木材，也是珍贵树种。楠木，又写作"枏"。据《博物要览》记载："楠木有三种，一曰香楠，二曰金丝楠，三曰水楠。南方多香楠，木微紫而清香，纹美。金丝楠出川涧中，木纹有金丝，向明视之，闪烁可爱。楠木之至美者，向阳处或结成人物山水之纹。水楠色清而木质甚松，如水杨，惟可做桌、凳之类。"《古玩指南》记载："楠木为常绿乔木，产于黔蜀诸山，高十余丈，叶为长椭圆形，经冬不凋，花淡绿色，实紫黑。其材坚密，芳香，色赤者坚，白者脆。"

《群芳谱》记载："楠生南方，故又作'南'，黔蜀诸山尤多。其树童童若幢盖，枝叶森秀不相碍，若相避。然叶似豫樟，大如牛耳，一头尖，经岁不凋，新陈相换。花赤黄色，实似丁香，色青，不可食。干甚端伟，高十余丈，粗者数十围。气甚芬芳，纹理细致，性坚，耐居水中。子赤者材坚，子白者材脆，年深向阳者结成旋纹为骰柏楠。"

▷ **金丝楠双屉中橱　清代**

长82厘米，宽39厘米，高147.5厘米

　　此器属金丝楠木老料新工，四方腿垂落，两平面起三线，素牙头压边线装饰。书橱上部以透榻三面直棖制成，正面双开门，铜面叶吊牌带锁。中层为抽屉两具，圆环装饰，下橱也为双开门，装长方形铜质合叶、面叶及吊牌。

◁ **金丝楠带座书橱（一对）　明代**

长90厘米，宽39厘米，高195厘米

　　柜为四面平式，正面对开木轴直棖门两扇，以横材三根将直棖界为四段。门内为三层，中层巧妙加装抽屉两具，隔直棖可见，两侧亦装直棖，后背位攒框装板。下部支几设抽屉两具，上部留空，分别以罗锅枨装饰。

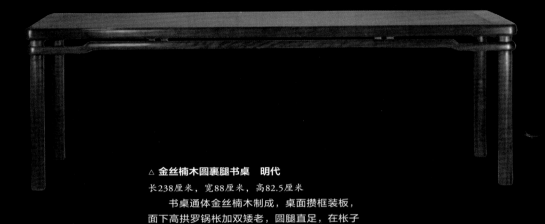

△ **金丝楠木圆裹腿书桌　明代**

长238厘米，宽88厘米，高82.5厘米

　　书桌通体金丝楠木制成，桌面攒框装板，面下高拱罗锅帐加双矮老，圆腿直足，在帐子与腿足交接处采用裹腿做法。

△ **金丝楠长条桌　清代**

长210厘米，宽46厘米，高84厘米

　　桌面为标准格角攒边打槽平镶，面心拼板，木纹细腻含蓄。冰盘沿上舒下敛，下接束腰，束腰下安设牙条，牙条中部略垂，并浮雕拐子龙纹。抱肩榫结构，方腿内翻马蹄，侧角收分明显。

△ **金丝楠木明式花架　明代**

长32.5厘米，宽32.5厘米，高59.5厘米

花架由金丝楠木制成，架面格角攒框镶板，面下束腰打洼下接雕拐子纹牙条，与腿足内侧延边起线相接，方腿直足，足端与托泥连为一体，托泥下有龟脚。

《格物总论》还有"石楠"一名："石楠叶如枇杷，有小刺，凌冬不凋，春生白花秋结细红实，人多移植屋宇间，阴翳可爱，不透日气。"

晚明谢在杭《五杂俎》提道："楠木生楚蜀者，深山穷谷不知年岁，百丈之干，半埋沙土，故截以为棺，谓之沙板。佳板解之，中有纹理，坚如铁石。试之者，以署月做盒，盛生肉经数宿启之，色不变也。"传说这种木材水不能浸，蚁不能穴，南方人多用做棺木或牌匾。至于传世的楠木家具，则如《博物要览》中所说，多用水楠制成。

楠木，与樟、梓、椆一道号称江南四大名木，以楠木最尊。在植物学上，楠木属于樟科植物，身干魁梧，最高可达40米。它的树皮灰白色，带有独特香味，叶子两端尖尖，枝条平展，树形如塔。我国楠木的主要产地是四川、贵州、两湖地区。楠木中的成员较多，我国有40多种，除上述品种外，另外还有浙江楠、闽楠与滇楠三种珍贵品种。由于楠木具有十分重要的经济价值，并被毫无节制地砍伐，导致森林资源近于枯竭，现已被列为国家二级保护植物。

楠木的珍贵，在于它的"大器晚成"。楠木幼时生长很缓慢，20年才能长高5米，30～50年，还不是它的兴旺期，进入60年后，才是它的兴旺期，并后劲十足地猛长，在此后30年，是它生长的黄金时期。所以，人们称楠木为"大器晚成的珍贵之木"。

◁ **金丝楠木南官帽椅　明代**

宽63厘米，深50厘米，高107厘米

此椅用金丝楠木制成，明式南官帽椅造型。四立柱与腿足一木连做，靠背独板制成，呈S形曲线，符合人体工学原理。座面格角攒框装板，面下为双矮老加罗锅枨，直腿落地，四腿间施以步步高赶枨，全器光素，造型简练舒展。

△ **金丝楠木高瑞兽架（一对）　清代**

长37厘米，宽37厘，高103.5厘米

此架以金丝楠木制作。架面格角攒框镶心，束腰下有雕拐子纹牙条，方腿直足内翻马蹄，四足间以罗锅枨相连。

△ 金丝楠木书柜　清代

长89厘米，宽45厘米，高174.5厘米

　　楠木生长期缓慢，经过长时期的积累，养精蓄锐，木质变得十分坚韧，结构细密，纹理美观而有光泽，有幽然的香气。而且，楠木的防潮抗腐性特别强，经久而不变质。楠木性温和，体轻，不伸不胀，不翘不裂，这些先天质地的优势，使楠木成为一种非常优良的木材。

　　由于楠木的质地优良，它成为建筑与家具的珍贵木料，上至宫廷，下至百姓，都非常钟情楠木。

　　明代宫殿及重要建筑，其栋梁必用楠木。因其材大质坚且不易糟朽，以致明代采办楠木的官吏络绎于途。清代康熙初年，也曾派官员往浙江、福建、广东、广西、湖北、湖南、四川等地采办过楠木。由于耗资过多，康熙皇帝以此举太奢，劳民伤财，无裨国事，遂改用满洲黄松，故而如今北京的古建筑，楠木与黄松大体参半。

△ 金丝楠几式书桌　明代

长231厘米，宽87厘米，高81.5厘米

　　此书桌形体健硕，由大桌面与两边架几通过上下插榫组合而成，腿里侧及桌面边缘起线。共安设素面抽屉六具，带铜拉手，八腿直落地面，内翻马蹄足，攒接工艺活脚踏。

◁ **楠木雕书箱　清代**

长121厘米，宽49.5厘米，高49.5厘米

　　该箱满工，面用浮雕、镂雕等技法描绘两军交战之景，长矛战马，生动写实。面脸装镂空拍子，下有四高足。

▷ **金丝楠木官皮箱　清代**

长54厘米，宽27.3厘米，高26厘米

　　官皮箱金丝楠木质地，箱顶四角安铜质如意云饰件，箱盖通过铜质如意云头拍子与箱身扣合，两侧立墙上安铜质拉手，并有铰链与箱盖相连，盖下两屉。

◁ **嵌绿端楠木大漆插屏　清中期**

长85厘米，宽34厘米，高77厘米

△ 金丝楠木明式花架　清代

长38厘米，宽38厘米，高100厘米

花架由金丝楠木制成，架面格角攒框镶板，面下束腰打洼下接雕拐子纹牙条，方腿直足，足端与托泥连为一体，托泥下有龟脚。此器金丝楠木光芒内敛，腿足内侧延边起线，与牙条上的纹饰浑然一体，除此之外并无多余雕饰。

清朝在建造承德避暑山庄时，就用楠木精制了一座"澹泊敬诚"殿，又称"楠木殿"。在北京十三陵中的长陵，也有一座500多年历史的楠木殿，殿里有60根楠木大柱，每根都需两人合抱，虽说风风雨雨数百年，但至今完好如初，令人感叹。另外，古时，楠木是最佳的棺板，在《红楼梦》里提到秦可卿的楠木棺材时，曾说道："一千两银子只怕无处买。"

楠木，由于其冬天触之不凉，常被用来制作罗汉床，其优点是其他硬木类不能相比的。楠木家具的身价也很高，如今北京故宫中就保存了不少清代楠木家具。据《博物要览》载，制作家具的楠木，多系水楠。又因楠木质轻，经常要搬动的家具大多选用楠木，如船上家具。另外，楠木又是制作牌匾的良材，现在民间流传着不少木刻楹联和书房木刻对联，很多就是取材自楠木。

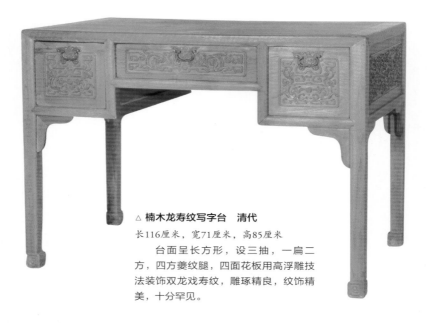

△ 楠木龙寿纹写字台　清代

长116厘米，宽71厘米，高85厘米

台面呈长方形，设三抽，一扁二方，四方夔纹腿，四面花板用高浮雕技法装饰双龙戏寿纹，雕琢精良，纹饰精美，十分罕见。

五

榉木

　　榉木属榆科，亦有称椐木、椇木。榉木产于我国长江以南地区，江浙一带产量最盛。榉木为落叶乔木，高数丈，树皮坚硬，灰褐色，有粗皱纹和小凸起，其老木树皮似鳞片而剥落。叶互生，为广披针形或长卵形而尖。有锯齿，叶质稍薄。春日开淡黄色小花，单性，雌雄同株。花后结小果实，稍呈三角形。木材纹理直，材质坚致耐久，花纹美丽而有光泽。榉木为珍贵木材，可供建筑及器物用材。

　　我国从来没有一种家具用材能像榉木那样经久不衰。到底什么时候出现榉木家具，现在尚无史料可鉴，但至少不会晚于宋元两代。历史记载表明，在黄花梨、紫檀进口之前已有用榉木制作的家具。家具用材中也只有榉木能纵横驰骋于明清两代。黄花梨、紫檀至清告缺，红木进口尚未跟上，而榉木则始终贯穿明清数百年，而从未停止。

△ 榉木笔杆椅（一对）　明代

宽48厘米，深54厘米，高82厘米

▷ **榉木镶红木炕几　清代**

长94厘米，宽46.5厘米，高36.5厘米

　　此炕几为乾隆年间之物，长方书卷式。框架选用榉木料，板心及挡板为红木。几面打槽装板，方正规矩，边与四腿相连自然向下弯曲内卷呈书卷状，牙板镂雕成卷草纹。腿间装挡板，镂雕卷草纹及缠枝花卉纹，内翻足。

△ **榉木无束腰马蹄腿架子床　清早期**

长205.8厘米，宽117厘米，高197厘米榉木家具显示了中国古典家具的气韵和胸襟，虽不及黄花梨家具美艳，亦无紫檀家具珍贵极致，但它始终向人们呈现出博大而不俗的品味。

有一种叫"宝塔纹"的榉木，常常被嵌装在家具面醒目处，以示装饰。如中央工艺美术学院收藏的一件明榉木矮南官帽椅，它的靠背板就是"宝塔纹"榉木，层层叠叠的大纹理，将椅子点缀得非常古朴典雅，是一件难得的珍品。

榉木在明清传统家具中使用量极大，特别是在明式家具中，榉木占有很重要的地位，仅次于黄花梨。

明代时，房屋建筑窗户玻璃尚未普及，室内光线比较差。为了弥补这种缺陷，室内家具大多采用浅淡色泽的木材，于是黄花梨家具应运而生，那种淡黄带红的色调产生的情趣，使人们情有独钟。但因为黄花梨是一种珍稀木材，一来它的数量有限，二来黄花梨家具价格非常昂贵，不是平常人家所能接受的，于是，色泽纹理接近黄花梨的榉木便成为黄花梨以外的最佳选择。又因为明代家具的主产地在江南的苏州、松江一带，榉木就近水楼台先得月了。

明式榉木家具的式样，基本上都是以黄花梨家具为蓝本，从造型、装饰、结构到工艺都是如此，而且毫不逊色。自明中期起一直兴盛到清后期，涌现了大量珍贵的榉木家具。

△ **榉木带托泥灵芝纹翘头案　清早期**
长205厘米，宽45.1厘米，高83.3厘米

△ 榆木雕花佛柜　明代

长160厘米，宽75厘米，高178厘米

此佛柜以榆木为材，上面及两侧饰以雕花条环板，中有柜门四扇，横枨下装雕花罩面抽屉三具，柜下牙板雕卷草纹。

△ 榆木云纹牙板带托泥打案　清早期

长207厘米，宽53厘米，高83.5厘米

△ 榆木雕花三屉柜　明代

长110厘米，宽78厘米，高90厘米

▷ 榆木四出头官帽椅　清早期

长57厘米，宽45.5厘米，高122.1厘米

六

榆木

　　榆木，在我国北方地区大量存在。为了与浙江的"南榆"、古代进口的"紫榆"、东北的"沙榆"相区别，北方人常称之为"附地榆"和"北榆"。现在北方传世的明清民间家具有不少是由这种木材制作的。北榆材幅宽，花纹大，质地温存质朴，色泽明快，价廉易得，加工方便，不易变形，自汉代以来就是北方民间家具、车船和农具的优质用材。《后汉书》中有东郡太守冬天坐拥榆木板床的记载，《水经注》中则言及东汉明帝遣使携带榆木红箱前往天竺之事。

　　榆木还是优良的雕漆和装饰材料。优质的榆木刨平后可见美丽的花纹，雕漆艺人将榆木烘干，整形，雕磨髹漆，制作出工艺上乘的屏风、匣盒和台座等漆器。北榆棕眼疏密较分散，木色发黄白；南榆棕眼细密，中成线，质坚色红；而东北沙榆常有细密分布的砂粒状小斑点，材质更疏松，故称之为"沙榆"。

　　在传世的古典家具中，榆木家具比榉木的还多，品种以供案、翘头案、一腿三牙方桌、罗汉床、圈椅、炕桌、炕头柜、钱柜为主。风格粗犷，坚实耐用，多以朴实浑厚的晋作、鲁作风格出现，很让收藏者喜爱。榆木家具的价格也比较合理。另外，许多仿古家具也常以榆木为原料制作，这对榆木家具影响的扩大也起了一定的积极作用。

七

铁力木

　　在硬木家具中，铁力木属最易辨识的木材。铁力木在历史上价值一直不高，过去极少有人作伪，也不见有商人寻求替代品，所以铁力木没有黄花梨、紫檀、鸡翅木等名贵木材常遇见的作伪问题。铁力木，亦称铁梨木，原生中国最南边，广东、广西均产。铁力木家具用材如细分可分为两种：粗丝铁力木与细丝铁力木。

粗丝铁力木是家具主要用材，色深棕，有时使用过狠会呈现黑色。粗丝铁力木常常皲裂，但裂纹一般很浅，长度也不会超过20厘米。棕眼随木材截面方向不同而忽长忽短，有时还有绞丝状，且分布随意不匀。

细丝铁力木相对较少。一般来说，细丝铁力木与粗丝铁力木的比例是10：1。用细丝铁力木制作的家具式样纤秀一些，造型也年轻，故可以推测细丝铁力木使用得较迟。细丝铁力木的纹理有时类似鸡翅木无美丽纹理者，细观则可分清。使用得过久过狠，包浆好的铁力木家具猛一看很像红木，但仍禁不住仔细观察，所以铁力木的认定不是难题，稍加学习，即可辨识。

整体看铁力木，木纹通畅，经常呈现行云流水般纹理，甚至美丽的纹饰近乎鸡翅木，但它与鸡翅木有本质的不同，即鸡翅木体轻，铁力木体重；鸡翅木棕眼平滑无碍，铁力木棕眼丝丝入肉。

优质的铁力木家具在清中叶以后急剧减少，其原因是名贵家具的商品化倾向日益加重，油红明亮的红木家具登上历史舞台，质拙的铁力木家具在商业化大潮的冲击下，得不到浮躁社会的青睐，走下坡路在所难免。

△ **铁力木广式大方凳（一对）　清代**

长49厘米，宽49厘米，高51.5厘米

　　成对形制，保存完好，凳面方形，束腰，抛牙板，马蹄足，弓字档。造型敦厚，纹饰简洁。

△ 铁力木大翘条案　明代

长82厘米，宽34厘米，高45厘米

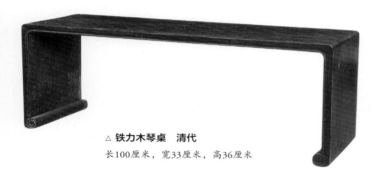

△ 铁力木琴桌　清代

长100厘米，宽33厘米，高36厘米

△ 铁力木大供案　明代

长75厘米，宽34厘米，高54厘米

八
鸡翅木

鸡翅木，也是一种高档的家具制材，为中国传统家具最常见的木材之一。

鸡翅木，又称"杞梓木"。因其木纹酷似鸡的翅膀，故名。屈大均在《广东新语》将鸡翅木称为"海南文木"。其中讲到有的白质黑章，有的色分黄紫，斜锯木纹呈现细花云。子为红豆，又称"相思子"，可做首饰，因之又有"相思木"和"红豆木"之称。

鸡翅木历来以其纹理美丽而著称，其木质纹理有的如鸡禽之翅纹，有的如火重叠燃烧之势，还有的如山水缥缈。木纹间有无数排列整齐的白斑点，像鹧鸪翅的花纹。鸡翅木有老、新之分。据北京家具界老师傅们讲，新鸡翅木木质粗糙，紫黑相间，纹理混浊不清，僵直呆板，木丝容易翘裂起茬儿；老者肌理细腻，有紫褐色深浅相间的蟹爪纹，细看酷似鸡的翅膀，尤其是纵切面，木纹纤细浮动，变化无穷，自然形成各种山水、人物、风景图案。与花梨、紫檀等木的色彩纹理相比较，鸡翅木独具特色。实际情况是新、老鸡翅木属红豆属植

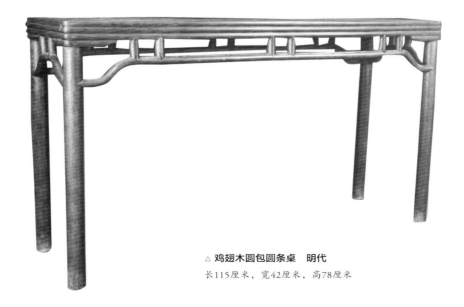

△ **鸡翅木圆包圆条桌　明代**

长115厘米，宽42厘米，高78厘米

物的不同品种，新、老鸡翅木的说法显然也不科学。据著名树木分类学家陈嵘《中国树木分类学》介绍，鸡翅木属红豆属，计约40种。我国产26种，有的色深，有的色淡，有的纹美，有的纹差，品种不同罢了。这里所说的新、老鸡翅木，一般以清中期划分，特别是明代的老鸡翅木家具，在明式家具中占有重要的地位。

鸡翅木的另外一个特点是无棕眼纹络，用手抚之，手感非常平滑，无受挡感，用它制出的家具，使用起来非常顺手。民国以后，市场上大量充塞了新鸡翅木，体重而色黑，质粗而纹僵，与老鸡翅木相差甚远，这可另当别论。另外，在铁力木中有一种棕眼细小的品种，手感也平滑，常常会被误认为是鸡翅木，这就需要细致的观察了。

真正好的鸡翅木是老鸡翅木。老鸡翅木纹理紫褐相间，淡雅高洁，无棕眼纹路，用手抚之平滑无挡，分量较轻，传世家具多在乾隆之前，造型多有高古风格，存世量极少，深得古家具收藏家的钟爱。明清时期鸡翅木家具的数量远不如紫檀、黄花梨多，但其纹理独特，名气之大令人神往，古代文人墨客、达官贵人无不以拥有鸡翅木家具为时尚。

△ 鸡翅木镶红木三抽桌（配有铜质锁和拉手）　明代
长125厘米，宽42厘米，高78厘米

△ 鸡翅木嵌黄杨瘿木棋桌　清中期

长71厘米，宽71厘米，高84厘米

▽ **鸡翅木小姐椅（一对）　明代**

宽48厘米，深56厘米，高82厘米

△ 鸡翅木四椅二几　清代

椅：宽53厘米，深42厘米，高92厘米

几：长41厘米，深31厘米，高80厘米

　　本套由四椅二几组合而成，品相良好。椅为灯挂式，背靠饰双龙、蝙蝠和卷草，嵌大理石。几为方台腿，中设隔板，不事雕饰，素雅沉静。

△ **黄杨木随形笔筒　清代**

直径13厘米，高25厘米

笔筒选用黄杨木，材壁宽厚，古貌苍道。随形而雕，筒口略外翻，整器取树瘤干状样态，形态苍劲。此等制法正是契合了文人思想。

△ **黄杨木笔筒　清代**

直径11.5厘米，高15厘米

九　黄杨木

黄杨木是中国古典家具的用材之一。

黄杨木属黄杨科，常绿灌木或小乔木。枝丛而叶繁，叶初生似槐牙而青厚，不花不实，四季常青。它分布于热带和亚热带，约有40多个品种，我国约有18种，以南方为多，北方也有。黄杨木的生长期特别缓慢，当代人种植，要下辈人才能受用，故民间又有"子孙木"之称，意思是爷爷种的黄杨，要到孙子手上才能派用途。又据《博物要览》说，黄杨木每年只长一寸，遇闰年则要停一年。

因为黄杨木难长，所以没有大料，一般需要40~50年才能成材，直径在15厘米以上者，极不易得。又因质地坚致，是木雕的好原料。我国最著名的黄杨木雕是浙江"乐清黄杨木雕"，历史悠久。古时的乐清黄杨木雕主要是雕塑小佛像，装饰于龙灯骨架上。至清末时，艺人朱子常改进黄杨木雕，使之成为独立的工艺品。1999年南洋劝业会上黄杨木雕荣获优等奖，1915年又在巴拿马万国博览会上获二等奖，从此名声大振，成为中国的重要木雕艺术品。除了乐清黄杨木雕外，常州的黄杨木梳子也很出名，据说经常用它梳头，有明目健身的效果。

　　古人对黄杨木的采伐有极严格的规矩。《酉阳杂俎》记载："世重黄杨木以其无火也。用水试之，沉则无火。凡取此木，必以阴晦夜无一星，伐之则不裂。"可见黄杨木不仅难长，采伐也不容易。

　　在传统家具制作中，由于黄杨木呈淡黄色，色泽均匀悦目，结构坚韧，纹理细密，常用来做家具镶嵌装饰材料。这种淡雅的黄色，清秀雅丽，配之于色泽深沉的红木，能取得很好的色调对比装饰作用。广式家具常用它来镶嵌，宁式家具也常用黄杨镶嵌。黄杨木还有一个特性，它极易上包浆，甚是美观。

▷ **红木嵌黄杨木供桌　清代**
长106厘米，宽39厘米，高89厘米
　　以红木为材制作，桌面长方形。束腰，镂空，抛牙板，四条四方马蹄腿，边线起凸棱。用黄杨木镂雕拐子龙纹为枨。品相完好，包浆润泽。

◁ **黄杨木太师椅（一对）　清代**
宽48厘米，深57厘米，高66厘米

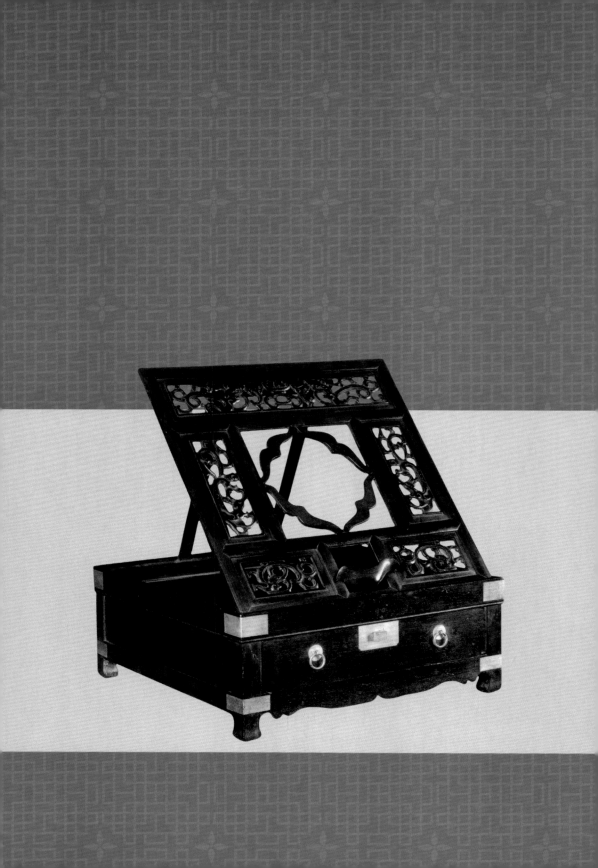

第三章

家具的种类

桌案类

桌案是人们坐卧、进食、读书、写字时使用的家具，可分为几、桌、案等数类。

几

几，其实是一种小或矮的桌子。古人，特别是宋代以前，多是席地而坐，几便是人们坐时依凭的家具，如三足凭几。直至现代，几依然沿用，如茶几等。古代几的形式大致有以下几类。

（1）宴几

宴几在宋代黄长睿所著《燕几图》中由七件组成，有一定的比例规格。它的特点是多为组合陈设。根据需要，可多可少，可大可小，可长可方，可单设可拼合，运用自如。

（2）三足凭几

三足凭几到宋元以后已经很少见到了，但在边远各少数民族中还有使用的。《金史》有使用凭几的记载："曲几三足，直几二足，各长尺五寸，以丹漆之。帝主前设曲几，后设直几。"

（3）炕几

炕几一直盛行至明清时期，是一种在床榻上或炕上使用的矮形家具。制作手法较大型桌案容易发挥，既可以模仿大形桌案的做法，也可以采用凳子的做法，故形式多样。如有束腰的弧腿蓬牙、三弯腿；无束腰的一腿三牙、裹腿、裹腿劈料等，有的直接采用桌形直腿和案形云纹牙板的做法。

（4）高腿几

高腿几根据其用途，可以大致分成香几、花几、茶几、小矮几等。香几为烧香祈祷用的，大多成组或成对，设在堂中或阶前明显的位置，上置香炉等供器。蝶几，又名"奇巧桌"，由13件大小不等的三角形和梯形几组成，有一定的比例规格。多摆设在园林或厅堂陈设中。花几大都较一般桌案要高，为陈设花盆或盆景所用，多成对陈设。茶几以方或长方居多，常和椅子组合陈设，单独使用得不多。小矮几是专供陈设古玩用的，须陈放在书案或条案之上。小矮几越矮越雅。

△ 红木方几　清代

◁ **红木嵌瘿木面香几　清代**
直径35厘米，高54厘米
　　香几为红木精制而成。几面呈圆形，攒框嵌瘿木板心，抹边混面单边线，高束腰向内打洼，拱肩牙板浮雕卷草纹，折腿中部展如意云翅纹，足外翻雕饰卷草纹，下踩圆珠，五腿间置镂雕梅花形底枨。

▷ **红木茶几（一对）　清代**
长43厘米，宽32厘米，高72厘米
　　此对茶几海棠面，高束腰，下有托腮，壶门式牙板上浮雕花卉纹，三弯腿，腿间装有圆形花枨，狮爪足。

◁ 紫檀方几　清代

长88厘米，宽48厘米，高33厘米

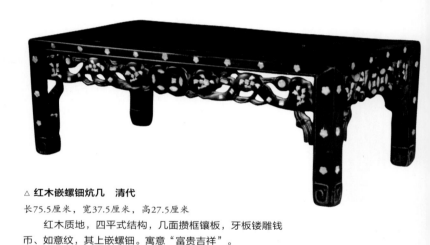

△ 红木嵌螺钿炕几　清代

长75.5厘米，宽37.5厘米，高27.5厘米

红木质地，四平式结构，几面攒框镶板，牙板镂雕钱币、如意纹，其上嵌螺钿。寓意"富贵吉祥"。

△ 紫檀雕西洋花架几案　清代

长326厘米，宽45厘米，高91厘米

架几案紫檀木质，案面边缘雕卷草纹，架几则由一具抽屉界出上下两个四面开敞的小格，均镶装拐子纹券口，抽屉面板浮雕拐子龙纹间寿字，雕饰得宜，造型典雅。

▷ **紫檀古线绳纹香几（一对） 清代**

长39厘米，宽39厘米，高89厘米

香几系木质，几面委角方形，攒框镶板，面下接束腰，束腰上的开笔管式鱼门洞，束腰下装素牙条，牙条下安雕绳纹玉璧式枨子，四腿直足，内翻马蹄落在方形托泥之上，托泥下带圭角。

◁ **紫檀满雕草花三弯腿香几（一对） 明代**

长50厘米，宽38厘米，高87厘米

此对香几系紫檀木制成。几面边缘在方形开光中雕缠枝莲纹，下接高束腰，束腰上每面开双孔，束腰下接雕缠枝莲纹垂如意云头牙子，三弯腿外翻马蹄足，足下踩带圭角方形托泥。

桌

　　桌子大约起源于汉代。宋代时，高足桌兴盛，桌的制作工艺进一步发展，出现各种装饰手法，如束腰、马蹄、云头足、莲花托等。在结构上，使用夹头榫牙板、牙头、矮老、托泥、罗锅枨、霸王枨等。另外，桌出现功能分化，如专门用来弹琴的琴桌、读书写字的书桌、下棋的棋桌等。元代，出现带抽屉的桌。明代，桌子已发展到非常完美的程度，在基本形式上分为束腰、无束腰两种。古代桌的形式主要有以下几类。

△ 黄花梨炕桌　明代

长97厘米，宽60厘米，高32厘米

△ 黄花梨卷叶纹三弯腿炕桌　明代

▷ **黄花梨有束腰马蹄罗锅枨长条桌　明代**
长158厘米，宽58厘米，高87厘米

◁ **黄花梨高束腰马蹄足条桌　明代**
长98厘米，宽48厘米，高88厘米

▷ **红木嵌山水瓷板琴桌　清代**
长125厘米，宽47厘米，高83厘米
　　材质为红木。长方形台面，面分三
格，左右嵌瘿木，中间粉彩山水瓷板，设
色雅丽，意境深远。两头下垂内卷，饰海
棠玉兰花。四条双拼式树叶纹腿。牙板镂
空，饰相对草龙纹。

△ 红木书桌　清代

长178厘米，宽50.8厘米，高86厘米

　　长方形台面，四方腿，腰部镂空开长方形开光，枨透雕简易夔龙纹。形制庄重大气，品相包浆均佳。

△ 紫檀霸王枨书桌　清代

长170厘米，宽78厘米，高84厘米

　　该书桌选紫檀精制而成，纹理清晰，包浆莹润。桌面攒框镶独板，棕角榫构造，四腿与霸王枨格肩相交，直腿，内翻马蹄足。

▷ 紫檀大书桌　清代

长176厘米，宽82厘米，高84厘米

　　此桌为清中期大家器物，沿用明式风格，精选金星小叶紫檀，纹理细如牛毛。面攒框镶板，四周微起宽边，桌沿打洼，素牙板，云纹牙头，明式高牙条与面底相交，直腿混边。

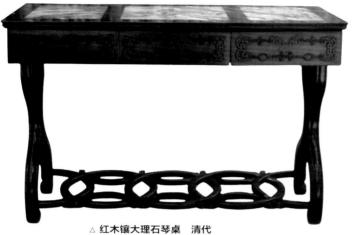

△ 红木镶大理石琴桌　清代

长126厘米，宽55厘米，高86厘米

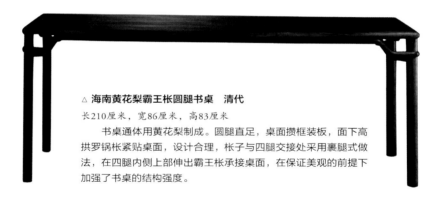

△ 海南黄花梨霸王枨圆腿书桌　清代

长210厘米，宽86厘米，高83厘米

书桌通体用黄花梨制成。圆腿直足，桌面攒框装板，面下高
拱罗锅枨紧贴桌面，设计合理，枨子与四腿交接处采用裹腿式做
法，在四腿内侧上部伸出霸王枨承接桌面，在保证美观的前提下
加强了书桌的结构强度。

◁ 鸡翅嵌瘿木面书桌　清代

长181厘米，宽83厘米，高84厘米

桌面嵌三块规格不一的瘿木，
木纹秀美，束腰嵌瘿木长条，抛牙
板，四方内弯腿，牙板高浮雕双龙
戏珠纹。形制庄重，纹饰古雅。

△ 红木下卷条桌　清代

长163厘米，宽54厘米，高84厘米

▷ 黄花梨四面平带翘头条桌　明代

长112厘米，宽48厘米，高86厘米

案形结体的家具常有翘头，桌形结体的家具很少见，而此桌小而有翘头。条桌上安抽屉，多为清式家具，明式条桌很少见，而此桌有扁小的暗抽屉三具。明式家具中有抽屉桌，但形式与此大异。

◁ 黄花梨束腰大方桌　清代

长103.4厘米，宽103.4厘米，高85厘米

此方桌精选优质海南黄花梨妙制而成。冰盘沿下束腰和牙板一体连做，直腿起阳线，内翻马蹄足，四腿间上部置罗锅枨装饰，牙板光素无纹，牙头镂空雕饰拐子纹。纹饰与器形融为一体，相映生辉。

（1）方桌

　　方桌是指桌面四边长度相等的桌子。有大小之分，大的称大八仙桌，小的称小八仙桌。八仙桌为客厅家具，装饰很考究，常饰以灵芝、绞藤、花草及吉祥图案。常见的方桌有：方腿带束腰霸王枨方桌、方腿带束腰罗锅枨加矮老方桌、圆腿无束腰罗锅枨加矮老方桌、一腿三牙方桌等。

△ 红木长方桌　清代

△ 红木方桌　清代

△ 红木长方桌　清代

◁ 黄花梨龙纹方桌　清早期

长90厘米，宽90厘米，高87厘米

　　方桌黄花梨满彻，马蹄腿罗锅枨，壶门牙板浮雕灵芝和相向的螭龙纹，桌腿上部和牙板相交处雕云纹包角。这张方桌造型规整，牙板的曲线非常优美，雕饰活泼可爱。

（2）长方桌

长方桌是指接近正方形的长方桌，长不超过宽的2倍。如果长度超过宽的2倍以上，应称为长条桌（或"长桌、条桌"）。

（3）琴桌

专用的琴桌早在宋代就已出现。如宋徽宗赵佶的《听琴图》中有关于琴桌尺寸、用料、使用方法的详细介绍。明代琴桌大体沿用古制，尤讲究以石为面，如玛瑙石、南阳石、永石等。

（4）棋桌

棋桌是指专用于弈棋而做的一种桌子，多为方形。棋桌一般为双层套面，个别还有三层面者。套面之下，正中做一方形屉，里面存放各种棋具、纸牌等。方屉上有活动盖，两面各画围棋、象棋两种棋盘。棋桌平时也可用为书桌。

（5）圆桌

圆桌是桌类家具中的精品，现在流传下来的多为清代之物。桌面大小各异，从80厘米（直径）一直到150厘米以上；腿足从独脚、三足、四足、五足，一直到六足。圆桌是传统家具中的摆设品，在造型上圆润而灵巧，雕饰繁缛精丽。

△ 黄花梨高束腰可拆卸棋桌　清早期

长91厘米，宽91厘米，高85厘米

◁ **红木双拼圆桌　清代**
直径115厘米，高87厘米

▷ **红木雕灵芝大理石圆桌　清代**

（6）半圆桌

半圆桌也称月牙桌，通常靠墙安置陈设。两张半圆桌又可以合成一张整圆桌。

◁ **红木雕龙半圆桌　清代**

长86厘米，宽43厘米，高79厘米

▷ **红木半桌　清代**

长91厘米，宽45厘米，高85厘米

◁ **黄花梨直枨半桌　明代**

长100厘米，宽62厘米，高85厘米

　　此桌为黄花梨制作。迎面直枨，有栏水线。桌面探出部分不长，虽是吊头，看起来却似喷面。腿子打洼加委角线，横枨两根。牙头近牙角模样，牙条下安直枨。

案

案由其形制不同，分为平头案和翘头案。

（1）平头案

平头案一般案面平整，如宽大的画案和窄长的条案等。长条案、条案的做法多为夹头榫结构，两侧足下一般装有托泥。

△ 黄花梨小圈腿平头案　明代

长133厘米，宽45厘米，高79厘米

圈腿平头案也称夹头榫条案，是明式桌案中经典的品种，造型简单，但要制作得精彩而有特点则非常不易，是最能体现制作者艺术素养和基本功的家具。此案造型紧凑，素雅可人，各部分比例恰到好处，空灵俊秀，彰显文人心境。

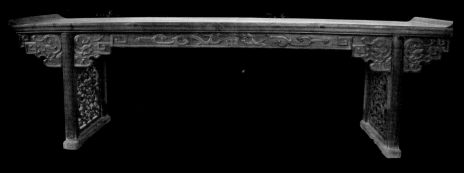

△ 黄花梨雕龙纹大翘头案　明代

长300厘米，宽58.5厘米，高93.5厘米

　　案面攒框镶独板，板材硕大，纹理秀美。牙头及牙板上皆以浮雕拐子龙为饰，牙板中部雕饰龙托宝鼎，寓意"问鼎天下"。以夹头榫结构与案腿连接。侧腿当中镶条环板，其双面透雕草叶龙及宝鼎等纹饰，足下带托泥，托泥开壶门亮脚。

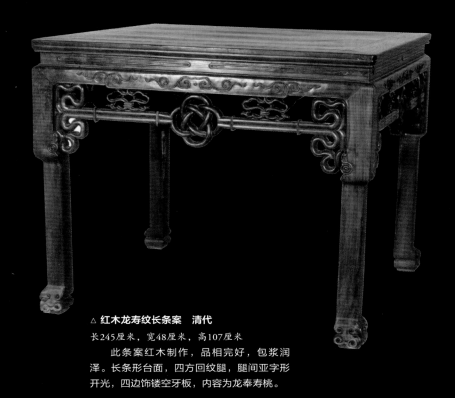

△ 红木龙寿纹长条案　清代

长245厘米，宽48厘米，高107厘米

　　此条案红木制作，品相完好，包浆润泽。长条形台面，四方回纹腿，腿间亚字形开光，四边饰镂空牙板，内容为龙奉寿桃。

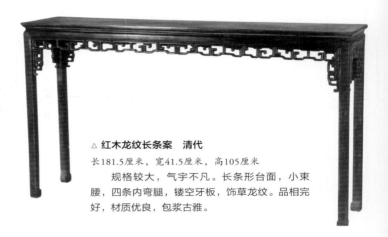

△ **红木龙纹长条案　清代**

长181.5厘米，宽41.5厘米，高105厘米

　　规格较大，气宇不凡。长条形台面，小束腰，四条内弯腿，镂空牙板，饰草龙纹。品相完好，材质优良，包浆古雅。

◁ **红木龙纹长条案　清代**

长252厘米，宽49.5厘米，高101厘米

　　红木制作，包浆古雅。长条形台面，四方回纹腿，腿间亚字形开光，四边饰镂空牙板，雕刻龙纹。

（2）翘头案

　　翘头案面两端装有向上翘起的飞角，其态如羊角直冲，雄健壮美，故名。

　　另外根据不同用途而定，案可分为食案、书案、奏案、毡案、欹案、香案等。

△ **红木龙寿纹长条案　清代**

长245厘米，宽48厘米，高107厘米

　　红木制作，品相完好，包浆润泽。长条形台面，四方回纹腿，腿间亚字形开光，四边饰镂空牙板，内容为龙奉寿桃。

二
床榻类

床榻类家具指各种卧具及部分大型坐具。床榻是各种家具中历史最为悠久的一类家具，相传为神农氏最早发明。

床

床是家具中的大件，故最能反映传统礼仪、民俗风情和文化氛围。床类有罗汉床、拔步床、架子床、片子床等。

（1）罗汉床

罗汉床是一种三面设装有围栏，但不带床架的榻。围栏屏有三屏、五屏、七屏之分，屏背中间最高，次则渐级阶梯而下。围栏做法有繁有简，最简洁有用三块整板作围栏，后屏背较高，或以小木做榫，攒接成几何形灵格式图案。

罗汉床形制大小不一。形制较小的一般称榻，有"弥勒榻"之谓。罗汉床的主要功能以待客为主。明式罗汉床造型多简洁素雅，坚固耐用，传世作品完整少缺。清代罗汉床围栏出现大面积雕饰，图纹题材广泛，有人物故事、山水景色、树石花鸟及龙凤戏珠等不少喜庆吉祥的传统图案。但不免让人产生豪华精致有余，雕饰繁缛太过之感，使用上不如明式罗汉床实在。

（2）拔步床

拔步床是一种传统的大型床，安置于一个建筑物的庞大空间之中。床与前围栏之间形成一个不小的廊子，廊子的两头可置放箱柜之类的小家具，廊下有踏板。拔步床的围栏有门有窗格，平顶板挑出，下饰吉祥雕刻物，就像古代建筑一样。

拔步床在工艺装潢上一般都采用木质髹漆彩绘，常常被装点得金碧辉煌。整个床就像个小屋子似的。这是南方人的崇尚，直至今天，拔步床在江浙一带的乡村里还在使用。

△ 紫檀香蕉腿罗汉床　明代

△ 海南黄花梨罗汉床（附炕几）　清代

床：长202厘米，宽110厘米，高83厘米

炕几：长73.5厘米，宽38厘米，高22厘米

　　罗汉床为黄花梨制成，三屏风攒接棂格床围，其余各处不施雕工。

△ **红木雕花果罗汉床　清代**

长195厘米，宽123厘米，高113厘米

△ **红木南官帽式笔杆床　清代**

长181厘米，宽82厘米，高81厘米

此床三围式，棕帮藤面，形制小巧。扶手和靠背类似南官帽椅的形状，采用笔杆形制，编成栅栏形式，所以称笔杆床。弓字枨档，四条圆柱腿。

△ **海南黄花梨罗汉床（附黄花梨炕几）　清代**

床：长202厘米，宽110厘米，高82厘米

炕几：长76厘米，宽37厘米，高22厘米

　　此罗汉床为五屏风床围，四面打槽装板，不施雕工，完全以黄花梨天然纹理取胜。

△ **红木罗汉床　清代**

长185.5厘米，宽98.8厘米，高109厘米

　　此床选上等红木料制成，纹理清晰，包浆莹润。七屏围板呈"步步高"式，围板边抹双混面，落膛踩鼓，攒框镶镜。两端扶手延伸出透雕灵芝纹站牙，刀工娴熟。藤面床心，高束腰上条环板置炮仗洞，牙板浮雕如意云纹和卷叶纹，折腿起阳线，外翻卷叶足。

（3）架子床

架子床是中国古代床中的最主要形式，是从拨步床发展而来的。通常的做法是在床的四角安立柱子，搭建架子，形状宛如一个小巧玲珑的屋子。架子床的床架装潢考究，顶盖四周围装楣板和倒挂牙，前面开门围子，有圆洞形、方形及花边形。楔子板的图案有的是用小木块镶成的图形，如狮子滚绣球、福禄寿等。床面上的两侧和后面装有围栏，它们都被雕刻得精美绝伦。后期的架子床还有床屉，专门用来盛放席子等物。

后来，架子床的制造进一步简化，成为只有几根栏杆的架子床，留下的架子，主要是为了张挂蚊帐，装饰功能退居其后。

榻

"榻"一名在西汉后期出现，专指坐具。榻是床的一种，但比床小。《通俗文》说："三尺五曰榻，独坐曰枰，八尺曰床。"

汉代以后，榻的尺寸渐增，既可坐，又能卧。不过，与床相较而言，床长且宽大，主要置于卧室作睡眠之用；榻比床窄小一些，可坐可卧，供休息和待客所用。

从形状来说，榻有正方、长方形之分。从性别使用上分，榻可分为罗汉榻、贵妃榻。罗汉榻专供男性使用，尺寸较大；贵妃榻供女性使用，尺寸较罗汉榻小一些。

▷ **紫檀雕龙纹架子床 清代**
长241厘米，宽169厘米，高261厘米
此架子床用紫檀木制成。面下有束腰，鼓腿彭牙，大挖马蹄。以深雕手法刻云龙纹，牙条下沿垂洼膛肚。面上三面围栏。装透雕两面作龙纹条环板，四角及前沿立柱，以圆雕手法饰云纹及龙纹。立柱上装挂牙、眉板等，均以透雕手法饰云龙纹。

△ **黄花梨带门围子雕龙架子床　明代**

长216.5厘米，宽146.5厘米，高229厘米

　　整器由床围、立柱、倒挂龙纹牙子等多件组成，各结合部位均用活榫衔接，便于分解组合。设计精巧，雕工精细，十分珍贵。

▷ **红木雕西蕃莲纹架子床　清早期**

长221厘米，宽154.5厘米，高221厘米

△ **黄花梨簇云纹马蹄腿六柱式架子床　明代**

长222厘米，宽252厘米，高156厘米

　　这张架子床正、背两面的雕饰完全相同，都是精打细磨，每个角度都是看面，俗称"四面看"。这种做工的家具应陈设在宽大的厅堂偏靠中间的位置。此架子床的挂沿透雕螭龙夔凤和吉祥花鸟图案，龙凤图案同时出现在架子床的挂沿上。

三
椅凳类

椅凳类家具是专用坐具，它们的发展见证了人类文明的发展——人类从学会直立行走到使用工具到享受文明的漫长过程。椅凳种类繁多，具体包括椅、杌凳、长凳、坐墩、交杌、宝座等。椅凳类家具的进化规律是由矮到高，由简到繁。

椅

椅，是一种带围栏可依凭的坐具。最晚是在汉灵帝时出现的，或可追溯到西周年代，由胡床进化而来。椅类有宝座、交椅、官帽椅、玫瑰椅、圈椅、太师椅、靠背椅等。

▷ **黄花梨福寿纹扶手椅　明代**

（1）宝座

宝座也称坐椅、床式椅。特点是特大，如同今天的双人椅。宝座是中国古典家具中最庄重的坐具。明代《遵生八卦》说："默坐凝神，运用需要坐椅，宽舒可以盘足后靠，使筋骨舒畅，气血流行。"

△ **黄花梨雕龙纹宝座 清代**

长89厘米，宽66厘米，高97厘米

宝座选材黄花梨，做工精美雅致，包浆温润圆滑。为三屏结构，中高侧低，气派十足。围板内侧满雕飞龙奇兽，神情百态，祥瑞霸气，背部浮雕博古纹，高雅大方，软藤面，束腰模压板光素，腿起阳线，大挖马蹄，兜转有力，下承托泥，龟足。

△ 黑酸枝（大叶檀）七屏风大宝座（附炕几） 清代

长222厘米，宽187厘米，高88厘米

此宝座通体黑酸枝木质地。面下高束腰，浮雕绦环纹，下承莲瓣式托腮，鼓腿彭牙大洼马蹄，牙条正中如意式洼膛肚，牙条及腿面浮雕如意纹及勾卷云纹。床面之上的三面围子作七屏式，独特之处在于扶把正中三扇加高，屏心浮雕海水纹，每扇屏心的龙纹用黄杨木雕刻镶嵌。

◁ **紫檀雕福寿纹宝座　明代**

长100厘米，宽65厘米，高103.5厘米

　　此宝座用紫檀木制成。面下高束腰，浮雕竖格纹。鼓腿彭牙，如意纹曲边，浮雕缠枝莲纹。内翻马蹄，带托泥。面上五屏式围子，浮雕蝙蝠纹、寿桃及各式花鸟纹。

△ **紫檀雕西洋花卉宝座、几（三件）　清代**

宝座：长76厘米，宽61厘米，高102厘米

几：长55厘米，宽47厘米，高67厘米

　　宝座如意形搭脑，靠背及扶手上雕西洋风格的花纹，座面下接雕西洋纹高束腰，而靠背及腿足都使用了西方建筑中的柱式，足间安四面平枨子。

宝座早先专供皇帝受用，装饰豪华，制作工艺多以木质髤以金漆。后来，宝座走进贵族豪门，出现了硬木精制品，通常所见的三屏式、五屏式与圈椅式，饰以龙凤纹样。

宝座大多单独陈设，很少配对。前置踏脚，后面摆置落地大屏风，以示庄重。椅上还要放置坐褥与靠垫。民间所用的禅椅、半床及贵妃榻，都是从宝座派生而来的。

（2）交椅

交椅为中国北方游牧民族最先使用，后传入中原。因便于折叠，外出携带方便，备受上层达官贵人的宠爱，凡外出巡游、狩猎时都带上交椅。交椅的结构是前后两腿交叉，交接点作轴，上横梁穿绳带，可以折合，上面安一栲栳圈儿。因其两腿交叉的特点，遂称"交椅"。

（3）官帽椅

官帽椅即扶手椅，是椅类中的珍品，因其造型如官帽而得名。官帽椅是明式家具的代表作之一，可分南官帽椅、四出头式官帽椅。南宫帽椅是一种搭脑和扶手不出头，而与前后腿立柱上端弯转榫接是软圆角的座椅。四出头官帽椅在南方使用较广，制作时大多用圆材，给人以圆浑、优美的感觉。所谓四出头，即椅背搭脑两头与扶手前拐角处均出头。

△ **海南黄花梨雕麒麟交椅　清代**

宽71厘米，深66厘米，高111厘米

交椅是由黄花梨制作。椅圈五拼，靠背板微曲，分三段装板而成，上部透雕螭纹，中部镶麒麟纹雕花板，下端做出亮脚，后腿与扶手支架的转折处镶雕花牙子，并辅以铜质构件。座面前沿做出壸门曲边，前后腿交接处用黄铜轴钉固定，足下带托泥，两前腿间装镶铜饰脚踏。

◁ **金丝楠南官帽椅　明代**
宽63厘米，深50厘米，高107.5厘米

▷ **黄花梨两出头官帽椅　清早期**
宽58厘米，深44.5厘米，高99厘米

　　存世黄花梨官帽椅中，多见不出头南官帽椅
与四出头官帽椅，而仅扶手出头的官帽椅却少之
又少。

　　初观此椅，会觉造型奇特，介于四出头官帽
椅与南官帽椅之间，但细品味会发现其榫卯结合
严密，工艺精细，为典型明式椅具，别具韵味。
唯一遗憾之处在于其靠背板正中所嵌物现已遗
失，但清水皮壳，原汁原味，保存完好。

宽56厘米，深43厘米，高84厘米

（4）玫瑰椅

玫瑰椅，江南一带称为"文椅"，出现时间较早，至明代时已经非常普遍。玫瑰椅的四腿及靠背扶手全部采用圆形直材，较其他椅式新颖、别致。其最主要特点是，椅背通常低于其他各式椅子。玫瑰椅一般配合桌案而陈设，是文人书房的一种坐具。

△ **黄花梨雕龙纹玫瑰椅（一对）　明代**

宽55.5厘米，深42厘米，高82厘米

此件玫瑰椅以黄花梨为材。椅背低于其他各式椅子，背板上以镂雕龙纹为饰，背板及扶手均饰横枨，枨下设有灵芝形矮老，此为玫瑰椅的基本形式之一。座下设海棠形券口，接圆柱形四腿，架步步高式管脚枨，牙板上雕龙纹，造型简洁大方，清丽雅致。

△ 紫檀玫瑰椅（一对） 清代

宽58厘米，深46厘米，高83厘米

△ 黄花梨直棖玫瑰椅（一对） 清早期

宽56厘米，深43厘米，高90厘米

这种椅子因其后背和扶手之内都装有形似梳齿的直棖，故又被称作"梳背椅"，在结构上借鉴了竹质家具的特点，剔透轻盈。

（5）圈椅

圈椅也称罗圈椅，是由交椅发展和演化而来的。椅圈后背与扶手一顺而下，就坐时，肘部、臂部一并得到支撑，很舒适，颇受人们喜爱。与交椅的不同之处：不用交叉腿，而采用四足，以木板做面。

圈椅大多只在背板正中浮雕一组简单的纹饰，但都很浮浅。背板都做成"S"形曲线，是根据人体脊背的自然曲线设计的。

△ **紫檀托泥圈椅、茶几（三件）**　清代
椅：宽63厘米，深50厘米，高100.5厘米
几：长54厘米，宽45厘米，高72厘米

◁ **红木圈椅　清代**

宽60厘米，深46厘米，高102厘米

　　红木质地，品相佳。典型的圈椅造型，且规格较大，素雅简练，朴实无华。

▷ **黄花梨圈椅　清代**

宽60厘米，深55厘米，高101厘米

　　这只圈椅形制标准，椅圈位置较高。三攒弯曲的靠背板，上部铲地浮雕团螭，下开高亮脚。后立柱装飞牙，前一腿与鹅脖连做。椅子座面下三面装素券口，"步步高"赶脚枨。

△ **铁力木圈椅（一对）　清中期**

宽57.4厘米，深43.2厘米，高97.5厘米

　　此圈椅以铁力木为材。椅圈接口处包铜活加以固定，木条圆浑，靠板为一整块木板，上雕"福庆有余"纹，座两侧曲线形连帮棍与椅圈相连。

△ **海南黄花梨攒靠背出头圈椅、茶几（三件）　清代**

圈椅：宽61厘米，深48.5厘米，高97厘米

茶几：宽47.5厘米，深41.5厘米，高70.5厘米

　　通体圆材。攒接弧面背板，采用三段体分段装饰，上半部有朴素纹饰，下部用云纹亮脚过渡。扶手两端出头，鹅脖弧线均衡优美。

（6）太师椅

太师椅起源于南宋。明清时，制作上常以大狮与小狮为图样，寓意太师、少师，故称太师椅。太师椅原为官家之椅，以乾隆时期的作品为最精。一般都采用紫檀、花梨与红木等高级木材打制，还有镶瓷、镶石、镶珐琅等工艺。椅背基本上是屏风式，有扶手。清中期后，太师椅走进寻常百姓家，摆设在厅堂里，多与八仙桌、茶几配套使用。

△ 红木嵌大理石太师椅（一对） 清代
宽61厘米，深49厘米，高97厘米

△ **红木雕福禄太师椅、茶几（三件） 清代**

椅：宽62厘米，深46厘米，高100厘米

茶几：长40厘米，宽40厘米，高79厘米

△ **红木太师椅（一对） 清代**

宽60.5厘米，深44.3厘米，高99厘米

红木制成。罗锅枨式搭脑，背板浮雕，面镶板，直腿内翻马蹄，上刻回纹。

△ 红木雕花太师椅、茶几（六件）　清代

椅：宽60厘米，深46厘米，高96厘米

茶几：长41厘米，宽30厘米，高79厘米

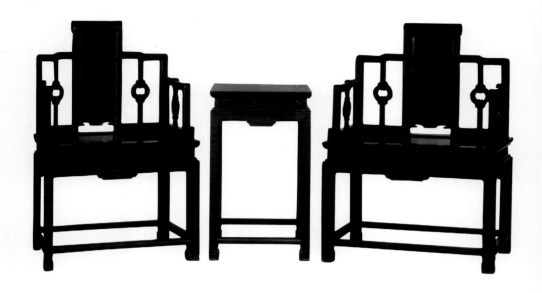

△ **紫檀太师椅、茶几（三件） 清代**

椅：宽68厘米，深49厘米，高98厘米

茶几：长49厘米，宽40厘米，高71厘米

　　太师椅由紫檀木制成。卷书式搭脑，靠背板上部分分两段嵌装雕连珠纹花板，下部做出亮脚，靠背板两侧及扶手均安设木雕绳纹玉璧立柱，座面下有开笔管式鱼门洞束腰，束腰下接垂云头牙子，方腿直足内翻马蹄，足间施四面枨子。

（7）靠背椅

　　靠背椅指光有靠背没有扶手的椅子，有一统碑式和灯挂式两种。一统碑式的椅背搭头与南官帽椅相同。灯挂式椅的靠背与四出头式相同，因其横梁长出两侧立柱，又微向上翘，犹如挑灯的灯杆，故名。相较官帽椅，靠背椅椅型略小，具有轻巧灵活、使用方便的特点。

凳

凳较少出现在较高雅的场合，通常是平民百姓家的用具，在富贵人家仅是卧室与偏房的用具。凳的品种不如椅类多，包括绣墩、圆凳、机凳、春凳等。

△ **黄花梨禅凳　清代**

长89厘米，宽71.5厘米，高52.5厘米

此禅凳选黄花梨为材，一木连做，样式洗练而素净。凳面攒框镶席心，冰盘沿，束腰，罗锅枨上置矮老，瓜楞腿。

◁ **黄花梨有束腰三弯腿罗锅枨方凳　明代**

长54厘米，宽52厘米，高52厘米

此方凳为明代晚期制作，雕饰繁复，风格华丽，工艺考究。凳面落膛作，硬席心，束腰，外翻三弯腿，原有托泥，现已丢失。牙板铲地浮雕卷草螭龙纹，肩部浮雕兽面披肩，罗锅枨两端浮雕螭龙纹。

（1）绣墩

绣墩又名坐墩，是凳类家具中的珍品，因其上面多覆盖一方丝绸绣织物，故名。绣墩多为圆形，两头小，中间大，形如花鼓，所以又称"花鼓凳"。

绣墩制作木材多用较高级的硬木，如花梨、紫檀、红木。在使用时，则根据不同季节辅以不同的坐垫。为破除圆墩形的沉闷，一般都要在鼓腰开洞孔，通常称"开光"。墩身有光素与雕刻之分，雕刻的花纹常常有拐子龙纹、藤纹等。

（2）圆凳

圆凳是坐具中的优秀者之一。凳脚直接落地，有三足、四足、五足、六足之分。绣墩与圆凳的主要区别：绣墩有托泥，而圆凳的腿是直接着地的。足式有直脚、收腿式、鼓腿式。有一种五足圆凳，造型呈梅花形，故称"梅花凳"。

明式圆凳造型敦实凝重，以带束腰的占多数。三腿者大多无束腰，四腿以上者多数有束腰。圆凳与方凳的不同之处在于方凳因受角的限制，面下都用四足；而圆凳不受角的限制，最少三足，最多可达八足。

（3）杌凳

杌凳是不带靠背的坐具，可分有束腰、无束腰两种形式。有束腰的都用方材，很少用圆材；而无束腰杌凳是方材、圆材均用。有束腰者可用曲腿，如鼓腿彭牙方凳；而无束腰者都用直腿。有束腰者足端都做出内翻或外翻马蹄；而无束腰者的腿足无论是方是圆，足端都很少做装饰。杌多正方形，长方形杌不多。

（4）春凳

凳类中有长方和长条两种，长方凳的长、宽之比差距不大，一般统称为方凳。长宽之比在2:1～3:1，可供两人或三人同坐的多称为条凳，坐面较宽的称为春凳。

春凳由于坐面较宽，还可作矮桌使用，是一种既可供坐又可放置器物的多用家具。条凳坐面细长，可供两人并坐，腿足与牙板用夹头榫结构。一张八仙桌，四面各放一长条凳，是城市店铺、茶馆中常见的使用模式。

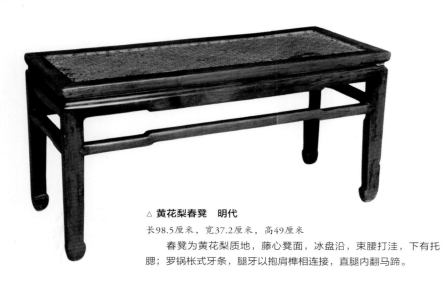

△ **黄花梨春凳　明代**

长98.5厘米、宽37.2厘米、高49厘米

春凳为黄花梨质地，藤心凳面，冰盘沿，束腰打洼，下有托腮；罗锅枨式牙条，腿牙以抱肩榫相连接，直腿内翻马蹄。

四
橱柜类

　　橱柜类家具的出现大约始于夏、商、周三代。如《国语》曰："夏之衰也，褒人之神化为二龙，夏后卜杀之与去之与止之，莫吉。卜请其漦而藏之，吉。乃布币焉而策告之，龙亡而漦在，椟而藏之，传郊之。"椟，即今人所称的柜。

　　至明清时期，黄花梨箱、柜类家具已成为人们日常生活中必要的用品之一。可分为柜、橱、箱、盒四大类，用途多样，或盛放衣服行李，或放书籍。制作工艺也堪称古典家具的典范。

柜

　　柜一般形体较高，可以存放大件或多件物品。对开两门，柜内装樘板数层。两扇柜门中间有立栓，柜门和立栓上钉铜饰件，可以上锁，为居室中必备的家具。柜的种类有柜橱、顶竖柜、亮格柜、圆角柜、方角柜、书格等。

◁ **黄花梨格子纹书柜　明代**

长97厘米，宽46厘米，高180厘米

　　整器通身选黄花梨为材，取料上乘，色泽古雅。柜门对开，面板边框饰铜合叶；上部攒门雕饰格子纹，下部柜门落膛镶独板，设刀字形牙板，直腿方足。

▷ **金丝楠六屉柜（一对）　清代**

长50厘米，宽37厘米，高105厘米

　　顶面为标准格角攒边打槽平镶面心，方形六屉，两柜组合成对，屉面装白铜圆形面叶及拉环。各屉面及两侧均镶洼膛堆肚面板。方腿直落地面，裹侧沿边起线装饰，下装宽素牙条。

◁ 黄花梨小柜　明代

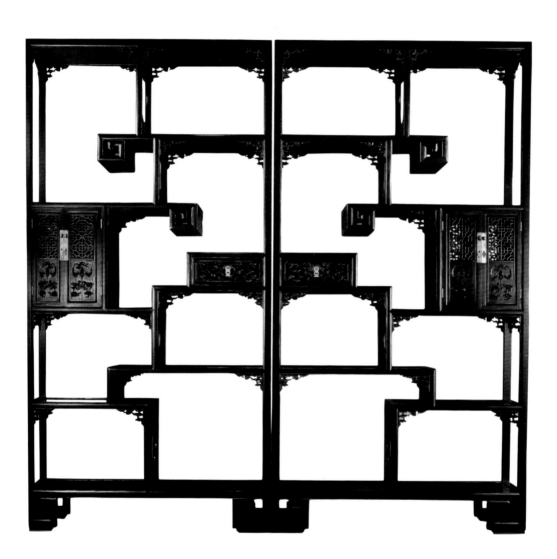

△ **紫檀雕蝙盘纹四面空多宝槅（一对）　清代**

长110厘米，宽38厘米，高220厘米

　　每件架槅开八孔。其中一侧设一小橱：对开两门，上部灯笼锦透棂，下部浮雕蝙寿纹。另一侧设抽屉一具，抽屉脸浮雕云纹及蝙蝠纹。另在横材与竖材结合的转角处安一透雕云纹托角牙。槅内立墙开出扇面式、海棠式、长方委角等形式的开光洞。

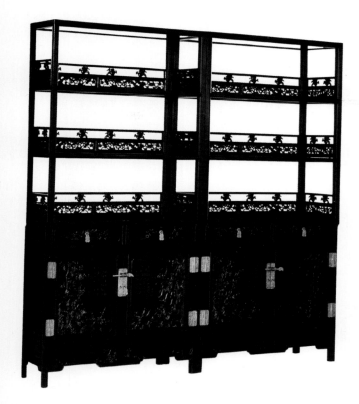

◁ **紫檀四季花书柜（一对） 清代**

长100厘米，宽36厘米，高200厘米

此书框四面平式顶，上部三层四面开敞，三面镶安带石榴纹矮老、梅枝花板围子，三层格下平列抽屉两具，屉面板于委角方形开光内各雕竹、菊图案。配铜质面叶、吊牌，屉下设柜，对开双门，心板分别雕竹、菊图案，并刻苏轼题诗，配有铜质合叶，面叶、吊牌；柜下正面足间装垂云头，雕兰草牙子。

（1）柜橱

柜橱是指一种柜和橱两种功能兼有的家具，形体不大，高度相当于桌案，柜面可作桌面使用。面下安抽屉，在抽屉下安柜门两扇，内装樘板为上下两层，门上有铜质饰件，可以上锁。在室内陈设。明代柜橱种类很多，做工与桌案一样，大多是侧脚收分明显，高度与桌案相仿。

（2）顶竖柜

顶竖柜是一种组合式家具。在一个立柜的顶上另放一节小柜，小柜的长和宽与下面立柜相同，故称"顶竖柜"。顶竖柜大多成对陈设在室内，或两个顶竖柜并列陈设，因其共由两个大柜和两个小柜组成，所以又称"四件柜"。在明清两代传世家具中，顶竖柜占相当一部分比重。

▷ **紫檀框黄花梨夹心顶箱柜（一对） 清代**

长95厘米，宽48厘米，高232厘米

　　大柜是由紫檀木制成。柜顶四面平式，顶柜柜门板心及两侧立墙上部嵌装紫檀双龙纹花板，下部装黄花梨素板，底柜门及两侧立墙被四根抹头界成五段，上中下也分别装紫檀木雕双龙条环板，其间镶嵌黄花梨素板两块。此外大柜还安装有铜质合叶、面叶、吊牌。

◁ **红木酸枝顶箱柜（一对） 清代**

长114厘米，宽52厘米，高230厘米

　　此对顶箱柜由红木精制而成。柜为上下两部分，四门相对，上部为箱式。对开门攒框镶板，拉手镶以铜件，圆形锁空，面叶成海棠形，边框安铜合页及面叶。下部同上门板攒框镶板，柜里置双抽屉，有一暗仓，俗称"柜肚"。柜下安有刀字牙板，方腿直足。

（3）亮格柜

　　亮格柜是书房、厅堂内常用的家具之一，集柜、橱、格三种形式于一体。通常下部做成柜子，上部做成亮格，下部用以存放书籍，上部陈放古董玩器，做到实用和美观有机的统一。

（4）圆角柜

　　圆角柜的四边与腿足全部用一木做成，柜顶角与柜脚均呈外圆内方，又称"圆脚柜"。圆角柜体型较大，有两门、四门两种。特点是稳重大方，坚固耐用。

△ 檀木圆角柜　清代

长105厘米，宽51厘米，高172厘米

（5）方角柜

　　方角柜是指用方材作框架，柜面的各体都垂直成90°，没有上敛下伸的侧脚，柜顶亦无彭出的柜帽，门扇与立栓之间由铜质合页连接，也可称"一封书"式方角柜。有的方角柜柜身大框及门的边抹都打洼，做法颇有古趣。

　△ **黄花梨大方角柜　清早期**

长108厘米，宽63厘米，高191厘米

　　此柜为大型方角柜，黄花梨满彻，选料之精，木纹之美，实不多见，四面无工，顶板不落膛，硬挤门可自由拆卸，壶门牙板铲地浮雕螭龙纹。柜内分为三层空间，有抽屉，设闷仓。

（6）书格

书格是专门存放书画的用具。南北方称呼不同，南方多称为书橱，北方称为书柜。书格属于柜橱中的架格类。柜橱多有门，而架格多无门。

书格为架格的一种，正面基本不装门，两侧与后面大多空透。但在每个屉板两侧与后面加一较矮的挡板，其目的是在挡住书籍从后面落出，起围护挡齐的作用。正面中间装抽屉两具，是为加强整体柜架的牢固性，同时也增加了使用功能。

明代书格的出现为柜橱类家具增加了灵动和文气，其空敞无档、简约有序的线条架势深得古代文人的青睐。古人对书格的设置也是极有讲究的，仅在书斋置设，并非随处可设，也不能滥设。

橱

橱的形体与桌案相仿，面下安抽屉，两屉的称连二橱；三屉的称连三橱；还有四橱的，总起来都称"闷户橱"。

橱大体还是桌案的性质，只是在使用功能上较桌案发展了一步，大多用于存放杂物。不常用之物多放于闷仓。闷仓无门，取放物品时须将抽屉取下，事后再安装上抽屉。

△ **黄花梨三联闷户橱　清代**

长188厘米，宽52厘米，高86厘米

闷户橱的造型类似没有托泥的翘头案。在四腿之间安装了几条顺枨和横枨，加抽屉、隔板和立墙后成橱，前脸饰以牙板和坠角。

◁ **漆木梅花纹书橱　清代**

长96.5厘米，宽43厘米，高118厘米

　　漆木书橱造型沉稳，质朴劲挺。框架浮雕梅花纹，柜门双开，面嵌瘿木板花瓶纹，瓶口上方浮雕牡丹，折腿，外翻回纹足。

▷ **海南黄花梨透棂三槅书橱（一对）　明代**

长88厘米，宽41.5厘米，高178.5厘米

　　柜为四面平式方角攒边造型，方腿直足，分为上、中、下三部，上部对开双门，门框内及两侧立墙、后背板均镶安攒接透空棂格，中部安抽屉两具，上安黄铜吊环面叶，抽屉下装延边起线素牙条一根；最下部为一四面开敞的空间。

箱

　　箱子用于存储什物，一般形体不大，多用于外出时携带，两边装提环。由于搬动较多，箱子极易损坏，为达到坚固目的，各边及棱角拼缝处常用铜叶包裹。正面装铜质面叶和如意云纹拍子、钮头等，可以上锁。较大一些的箱子，常放在室内，接触地面而摆放。为了避免箱底受潮走样，多数都配有箱座，也叫"托泥"。黄花梨箱的种类主要有以下几类。

◁ **紫檀箱　清代**

长35.5厘米，宽20厘米，高14.8厘米

　　箱长方形，规格方正，全以珍贵的紫檀木为材制作而成。不事雕饰，而线条处理圆浑挺秀，白铜拷边。

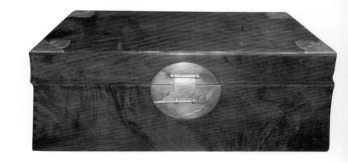

▷ **黄花梨文房箱　明代**

长48厘米，宽24厘米，高21厘米

　　此箱正面饰铜质圆面叶及云纹拍子，两侧置铜提环，灵活实用。为使之牢固，在箱盖四角等多处加装了铜质包角饰件，更显出箱子的考究。

（1）官皮箱

　　官皮箱是指一种专门用于外出旅行的箱子。形体较小，打开箱盖，内有活屉，正面对开两门，门内设抽屉数个，柜门上沿有仔口，关上拒门，盖好箱盖，即可将四面板墙全部固定起来。两侧有提环，正面有锁匙，是明代家具中特有的品种。

△ 瘿木官皮箱　明代
高17厘米，宽20厘米，长33厘米

△ 黄花梨带镜架官皮箱　明代

长32.8厘米，宽28.6厘米，高24.6厘米

　　镜台上层边框内为支架铜镜的背板，可以放平，或支成约为60°的斜面。背板用攒框做成，分界成三层八格。下层正中一格安荷叶式托，可以上下移动，以备支架不同大小铜镜。中间方格安角牙，门成四簇云纹，中心故使空透，系在镜钮上的丝绦可以从这里垂到背板后面。其余各格装板透雕折枝花卉。装板有相当厚度，使图案显得格外饱满精神。底箱开两门，中设抽屉。造型低扁，设计严谨，木工雕刻处精到，看面用材也经过细选，面面俱景，是明代小型家具的佼佼者。

◁ **紫檀官皮箱　清代**

长37厘米，宽31厘米，高36厘米

　　此书箱选紫檀木精制而成。通体素作无雕饰，整器分箱体和底座两个部分。底座四角包铜，壶门式牙板光素，典雅精致。箱体内用隔板分为三层，打开箱盖，上为一层暗格，其下置大小三具抽屉，最后一层为一长抽，每具抽屉上设有鱼形铜拍子。箱门对开，制式规整。

▷ **紫檀官皮箱　清代**

长32厘米，宽24厘米，高33厘米

　　此箱以紫檀为料，色泽幽黑肃穆，包浆莹亮。箱体正门两扇，箱盖有云形拍子与箱体扣合，箱盖掀开为一个平屉，两扇小门后为六具抽屉。两门饰以面叶及鱼形吊牌，外设铜包角，两侧带提手。

（2）药箱

药箱的结构类似官皮箱，但无向上翻的箱顶，代之以两门，下承箱座，打开门后为多层抽屉，用于放置不同类药物，故名药箱。

（3）轿箱

轿箱多放于官轿之中，故名。箱体分为上、下两部分，上下相比，下凹上凸。上部与箱盖吻合，较长，可以放纸张或卷轴之类的东西；下部的两部均向内凹，可放官印、毛笔等物。轿箱模样轻巧，使用便捷。

△ **黄花梨轿箱　明代**

长74厘米，宽18厘米，高13厘米

此轿箱箱面独板，四角饰如意纹铜包角，盖边起阳线。为使其牢固，箱身四角与箱身下部侧面均包铜饰件，前脸中部镶铜质拍子、钮头、吊牌，箱底缩进，呈反向凸形，以适应轿子形状，保证轿箱使用时不晃动。

△ **黄花梨轿箱　明代**

宽14厘米，长75厘米，高19厘米

此轿箱是由黄花梨制成，素面不施雕饰。箱盖微向上拱起，边缘起阳线。四角立墙平镶白铜包角，箱盖四角镶云纹包角。轿箱正中镶圆铜活，云头拍子。箱内有活动式平盘，两端带拍门小侧室。

盒

盒与箱同属有盖的箱柜类器具。

提盒为古人存置物品之器，因其以提梁托盒而被称为提盒。精制器盒多为古代大户人家所置。此器古已有之，但形制各有不同，有圆形、扁圆形、方形、长方形等，称谓亦各不相同。至明代长方形提盒样式基本固定下来，分大、中、小三种类型。

大者高达1米、长亦近1米。分多层，层层紧扣，棱角处多以铜叶或铁叶包镶，用圆形钉咬紧。每层两 侧安金属接环，提梁居中，也置一金属环，这样可以使前后两人扛木穿环，挑箱前行。

小提盒仅一手便可提携，为送食品及其他小型货物所备。明代时，小提盒受宠，形体更为精巧，制作工艺越发细致，用材多以黄花梨、紫檀、鸡翅木等上品硬木。至清代时，盒体上更是以象牙、白玉、密蜡、绿松石、玛瑙等各种名贵宝物嵌镶。

△ 瘿木文具盒　清代

长29.5厘米，宽16厘米

五
屏架类

屏风

屏风是一种特别的家具，大约起源于西周初期。古代的房屋建筑高大宽敞，需要挡风与遮蔽，遂产生了屏风。

汉代以前，屏风多为单扇；汉代及以后发展到双扇、多扇，随意折叠开合，使用更加方便。明清时期，屏风不仅实用，更成为室内必不可少的装饰品。明清时期的黄花梨屏风主要有插屏、围屏、挂屏几种形式。

（1）插屏

插屏即把屏风结构分为上下两部分，分别制作，组合装插而成。屏座用两块纵向木墩上各竖一立柱，两柱由横枨榫接，屏座前后两面装披水牙子，两柱内侧挖出凹形沟糟，将屏框插入沟糟，使屏框与屏座共同组成插屏。

△ 红木嵌多宝六扇屏　清代

◁ 嵌鱼化石小插屏　明代

▷ 红木嵌彩百鸟朝凤插屏　清代

△ 紫檀嵌沉香人物故事砚屏　明代

△ 粉彩花篮纹插屏（一对） 清中期

▷ 黄花梨嵌云石纹插屏 清早期

◁ **黄花梨嵌绿纹石插屏　清中期**

长53厘米，宽35厘米，高73厘米

　　插屏在清代十分盛行，置于案头可遮挡外来干扰，并且为灯具挡风。尺寸矮小者为"灯屏"，稍高大者为"桌屏"。插屏素起线框子嵌绿纹石，立柱由透雕拐子站牙夹抵，上下设横枨，中间装透雕螭龙纹条环板，下装铲地浮雕宝珠纹披水牙板，高亮脚座墩雕阴线回纹。此件插屏采用了大量清式家具的装饰手法，由于绿纹石面积较大，并未使人感到装饰烦琐。

▷ **紫檀端石松下对弈图插屏　清代**

长64厘米，宽25厘米，高86厘米

　　插屏大小不等，大可挡门，间隔视线，俗称影屏，一般拔地而起。小者则谓案屏，设在厅堂条案或书房桌案之上，纯为摆设装饰，以作风雅逸景。

（2）围屏

　　围屏也叫落地屏风、软屏风或曲屏风，是多扇折叠屏风。多为双数，少则2～4扇，多则6～8扇。4扇则称四曲，8扇则谓八曲。每扇之间用销钩连接，折叠方便。

　　围屏多以木作框，屏芯用纸绢等饰，上面绘绣各种人物神话故事和吉祥图案。室内陈设既可间隔大小，同时也增添室内的装饰效果。

　　围屏的特点是可根据室内空间大小自如地曲直，轻巧灵便。

△ **紫檀雕莲花六扇围屏（一组）　明代**

长211厘米，宽44厘米，高264厘米

　　屏风六扇，紫檀木质地。屏身五抹界五格，上眉板、腰板及两边扇用浮雕宝相花的条环板围成一圈，中间为攒套方锦纹屏心。再以黄绫作衬，更加美观、秀丽。下裙板以浮雕岔角花围成开光，当中浮雕宝相花纹。

（3）挂屏

挂屏是指贴在有框的木板上或镶嵌在镜框里供悬挂用的屏条。《西清笔记·纪职志》记载："江南进挂屏，多横幅。"

挂屏出现在清初，多代替画轴在墙壁上悬挂。雍、乾两朝宫内风靡，几乎处处可见。挂屏一般成对或成套使用，如四扇一组称四扇屏，八扇一组称八扇屏。也有中间挂一中堂，两边各挂一扇对联的。

挂屏与小插屏所不同的是，它已脱离实用家具的范畴，成为纯粹装饰性的品类。

架

屏架类中的架类，是指日常生活中使用的悬挂及承托用具，主要包括衣架、盆架、灯台、梳妆台等。

△ 剔红百宝嵌婴戏图挂屏　清代

高114厘米，宽61.7厘米

▷ 海南黄花梨圆角双屉架槅（一对）　清代

长90厘米，宽41厘米，高166厘米

架槅为黄花梨制成。侧脚收分明显，上部三面透空镶安沿边起线壸口牙子，中部以并置的两件安黄铜吊环、面叶的抽屉将架槅界为上下两层，下部腿足间装素牙子，架槅后背即由小块黄花梨木料攒接成彼此相连的菱花图案构成。

（1）衣架

用于悬挂衣服的架子，一般设在寝室内，外间较少见。古人衣架与现代常用衣架不同，其形式多取横杆式。两侧有立柱，下有墩子木底座。两柱间有横梁，当中镶中牌子，顶上有长出两柱的横梁，尽端圆雕龙头。古人多穿长袍，衣服脱下后就搭在横梁上。

（2）盆架

分高低两种。高面盆架是在盆架靠后的两根立柱通过盆沿向上加高，上装横梁及中牌子，可以在上面搭面巾；另一种是不带巾架，几根立柱不高过盆沿。两种都是明代较为流行的形式。

（3）灯台

灯台属坐灯用具。常见为插屏式，较窄较高，上横框有孔，有立杆穿其间，立杆底部与一活动横木相连，可以上下活动。立杆顶端有木盘，用以坐灯。为防止灯火被风吹灭，灯盘外都有用牛角制成的灯罩。

（4）梳妆台

又名镜台。形体较小，多摆放在桌案之上。其式如小方匣，正面对开两门，门内装抽屉数个，面上四面装围栏，前方留出豁口，后侧栏板内竖3～5扇小屏风，边扇前拢，正中摆放铜镜。不用时，可将铜镜收起，小屏风也可以随时拆下放倒。它和官皮箱一样，是明代常见的家具形式。

△ 黄花梨龙头衣架　清代

△ 黄花梨镜架　明代

长31.5厘米，宽31.5厘米，高25厘米

镜架以榫卯相连，架面设荷叶形镜托，以卡铜镜之用。饰处透雕桃花纹，寓意"面若桃花"，支架可折叠。

△ 黄花梨五屏式镜台　明万历

长62.8厘米，宽37厘米，高69厘米

　　台座为五屏风式，透雕花鸟纹。屏风脚穿过座面，植插稳固。
中扇最高，向左右递减，并以此向前兜转。搭脑挑出，头饰龙头。
台座为柜式，设抽屉五具，横枨下有曲形牙板，并刻卷草纹。

六
其他类

　　我国历史悠久，同时又是礼仪之邦，许多家具与器物，就是在长期的历史发展中形成的，除了前面已经介绍的主要家具外，还有其他很多家具，我们统称它为杂类。

　　这些形形色色的家具，大多是由礼义风俗与生活习惯所决定的，其中大多数家具随着社会生活的发展、风俗习惯的改变，早已不再使用或不复存在了，但是作为一种历史与文化的载体，还有不少流传于民间，主要是明清两代以及民国时期遗留下来的。例如，从前有两人抬的礼箱，这是一种专门用于盛放礼物的大箱子，或祝寿或婚嫁时使用。还有一种以前戏班子置放戏服行头的戏箱，或者是镖局押送货物的押箱。这些都是制作严谨考究的家具，用材也较好，形式也很古朴。

△ 黄花梨云纹台座　清代

长35厘米，宽14.5厘米，高7厘米

　　台面长方形，厚木为板，木纹秀美，见鬼脸纹，下承两足，刻饰云纹，形制端巧，装饰简洁。

△ **黄花梨夔龙纹五屏风式镜台　明代**

长51厘米，宽30厘米，高66厘米

　　五屏风式镜台，搭脑圆雕龙头，屏心嵌装透雕花鸟纹条环板。镜台设抽屉五具，抽屉脸浮雕花纹。下座腿足翻出小马蹄，足间壶门式牙子雕夔龙纹。台面正中原有的托子，是为支架铜镜而设，现已失落。此类屏风式镜台，传世实例颇多，在明万历版的《鲁班经匠家境》插图就可见一例。

△ 紫檀底座　清代

长15.5厘米，宽15.5厘米，高4厘米

△ 红木嵌大理石写字台　清代

长160厘米，宽80厘米，高84厘米

◁ **紫檀龙纹大镜匣　清早期**
长45厘米，宽45厘米，高18厘米

除了箱子以外，还有盒匣，这些都是小件家具。它的形态与名称，大多以盛放的物品而定。例如放大印的称官印盒，放拜帖的称拜帖盒，放药材的称药匣，还有帽盒、画盒、枕盒、笔匣、首饰匣、什锦盒等。还有一种小镜台，江南一带又称"梳妆台"，这是一种古代女性闺房木器，一般都很小巧玲珑，制作工艺也非常精致，用的材料大多很好。它与盒匣的区别在于小镜台不仅有盒匣的结构，以盛放梳妆用具及化妆品，而且它的上部有安放镜子的架子。按常规分，有折叠式、宝座式、屏风式、围栏式、组合式等。这些小家具很有特色，是收藏者经常搜寻的爱物。

被列入家具其他类的器物，还有各式提盒与提篮，这些小家什，不论是木制的、竹编的、漆绘的，都有一个共同点，那就是古色古香，很有观赏性。还有各式盘托，有盛放文房用品的，有盛放糕点果食的。有一种叫"九子盘"的器具，非常精美，大多用红木制成，内有九个小瓷碟组拼成，用来盛放各式蜜饯糖果，以招待客人。另外还有一类座子，或用于陈设器物，或用于点缀，用材与制作都很考究，上品者其身价也不低，是收藏者的爱物。

据乾隆《吴县志》记载，当时制作一种"鼓式悬灯"，"鼓腹彭亨，而又缀以冰片梅花，则长条短干纵横交错，须一一如其彭亨之势而微弯，笋缝或斜或整，亦须相斗相生，然合拍可奏"。还说："乃绩倘有一条一干一笋一缕或差黍许，则全体俱病，而左支右绌，不能强成矣。"由此可见其中的高超技艺和卓越水平。

第四章

家具的鉴别

△ **红木带玻璃二门书柜（一对）　清早期**
长90.6厘米，宽38.5厘米，高193.7厘米

一
了解家具的制作
工艺

　　以手工方式制作家具，做工和技艺尤为重要。家具制作，在继承明清以来优质硬木家具的传统技艺上，随时代的发展，工艺水平得到了不断的提高，特别是许多优秀产品，做工精益求精，工艺科学合理。

1 | 木材干燥工艺

　　首先，家具的制造往往直接取决于用材的性质。红木等木材与紫檀、黄花梨在木材质地上尚有一定差别，因此，用材的加工处理就成为家具质量的先决条件。不少木材常含油质，加工成家具的部件容易"走性"，就是白坯完工以后，也还会影响髹饰。民间匠师在长期的生产实践中摸索出了许多处理木材材质的方法，积累了不少行之有效的经验。旧时，一般先将原木沉入水质清澈的河边或水池中，经过数月甚至更长时间的浸泡，使木材里面的油质渐渐渗泄出来，然后将浸泡过的原木拉上岸，待稍干后锯成板材，再存放在阴凉通风的地方，任其慢慢地自然干燥，到那时，才用它们来配料制作家具。

这种硬木用材的传统处理方法所需时间较多，周期较长，现代生产已很少采用。但经如此干燥后的木材，"伏性"强，很少再有"反性"现象。用作镶平面的板材，不仅需经一两年的自然干燥，而且还需注意木材纹理丝缕的选择。民国以后，有些硬木家具的面板开始采用"水沟槽"的做法，即在面板入槽的四周与边抹相拼接处留出一圈凹槽，可避免面板因涨缩而发生破裂或开榫现象。

2 | 家具制造的打样工艺

制造每件家具，总要先配料画线。画线也叫"画样"。旧时没有设计图纸，式样都是师徒相传，一代一代口授身教，每种产品的用料和尺寸，工时与工价，均需十分熟悉并牢牢记住。家具的新款式，主要依靠匠师中的"创样"高手，江南民间称他们叫"打样师傅"。在长期实践中，凭借丰富的经验，他们常常能举一反三，设计创新。旧时，大户人家常邀请能工巧匠到自己家中来"做活"，少则数月，长达一两年。工匠们根据用户的要求从开料做起，一直到整堂成套家具完工。因此，民间又有所谓"三分匠，七分主"的说法，意思是指工匠的打样或设计，往往需要依照主人的要求进行，有时主人甚至直接参与设计。流传至今的家具传统式样，不少都是在传统基础上集体创作完成的。

3 | 精湛卓越的木工工艺

富有优良传统的木工加工手艺发展到硬木家具制造的年代，已达到登峰造极的地步。木工行业中流传着所谓"木不离分"的规矩，就是指木工技艺水平的高低常常相差在分毫之间。无论是用料的粗细、尺度，线脚的方圆、曲直，还是榫卯的厚薄、松紧，兜料的裁割、拼缝，都是直接显示木工手艺的关键所在，也是家具质量至关重要的内容。因此，木工工艺要求做到料分和线脚均"一丝不差"，"进一线"或"出一线"都会造成视觉效果的差异，兜接和榫卯要做到"一拍即合"，稍有歪斜或出入，就会对家具的质量造成影响。苏州地区木工行业中，至今仍流传着"调五门"的故事。传说过去有位木工匠师，手艺特别出众。一次他被一家庭院的主人请去造一堂五具的梅花形凳和桌。匠师根据设计要求制成后，为了说明自己的手艺高明，让主人满意放心，便在地上撒了一把石灰，然后将梅花凳放在上面，压出五个凳足的脚印来。接着，按五个脚印的位置，一个个对着调换凳足。经过四次转动，每次五个凳脚都恰好落在原先印出的灰迹中，无分毫偏差，主人看后赞不绝口。

（1）工艺与构造的设计

在木工工艺中，许多工艺和结构的加工均需匠心独运，尤其是各种各样的榫卯工艺，既要做到构造合理，又要做到熟能生巧，灵活运用。家具中常常利用榫卯的构造来增强薄板或一些构件的应变能力，以避免横向丝缕易断裂、易豁开等缺点。对于一些家具的镂空插角，匠师们巧妙地吸收了45°攒边接合的方法，将两块薄板分别起槽口、出榫舌后拼合起来，既避免了用一块薄板时插角因镂空而容易折断的危险，又提供了插角两直角边都可挖制榫眼的条件，只要插入桩头，即能很好地与横竖材相接拼合。

由于清式造型与明式造型的差异，家具形体的构造往往出现各种变化。因此，在家具的制造工艺上形成了许多新的方法，像太师椅等有束腰扶手椅的增多，一木连做的椅腿和坐盘的接合工艺已显得格外复杂，工艺要求也更高。这类椅子的成型做法，需要按部就班，一丝不苟，大致可分四个步骤。第一步是前后脚与牙条、束腰的连接部分先分别组合成两侧框架，但牙条两端起扎榫、束腰为落槽部分，以便接合后加强牢度。第二步是将椅盘后框料同牙条和束腰与椅盘前牙条和束腰同步接合到两侧腿足，合拢构成一个框体。第三步是将椅盘前框料与椅面板、托档连接接合，再与椅盘后框料入榫落槽，摆在前脚与牙条上，对入桩头拍平，然后面框的左右框料从两侧与前后框料入榫合拢。前框料为半榫，后框档做出榫。第四步是安装背板、搭脑和两侧扶手。

▷ **黄花梨佛经柜　清早期**

长105厘米、宽40厘米、高104厘米

柜格为黄花梨木质，齐头立方式。正面开多格，皆有门，门攒框镶条环板，其上浅浮雕穿云龙，龙眼凸起，脚踩如意头状云朵，体态乖张，威严凌厉，框以缠枝莲纹为饰；柜面周边设6具缠枝莲纹抽屉，间以暗八仙纹饰条环板；柜下牙板雕回纹、缠枝纹及兽首，阳线肥满，与内翻马蹄足相交。柜内空旷，用于置放经文、经卷。

（2）科学合理的榫卯结构

工艺合理精巧，榫卯的制作是最重要的方面。经过长期的实践，后期家具中榫卯的基本构造，有些做法已与明式家具稍有不同。如丁字形接合的所谓"大进小出"，即开榫时把横档端头一半做成暗榫，一半做成出榫，同时把柱料凿出相应的卯眼，以便柱侧另设横档做榫卯时可作互镶。后期家具一般就不再采用这种办法，常一面做出榫，一面做暗榫。又如棕角榫的运用，依据不同的情况作出相应的变化后，更适应形体结构和审美的要求。棕角榫在桌子面框与脚柱的交接处侧面出榫，桌面和正面不出榫，在书架、橱柜立柱与顶面的交接处、顶面出榫和两侧面出榫，正、侧面不出榫。然而在一种橱顶上，棕角榫又出现了明显的变体做法。为了适应顶前出现束腰的形式，在顶前部制作凹进裁口形状，以贴接抛出的顶线和收缩的颈线，取得一种特殊的效果。这种构造的内部结构虽仍是运用了棕角榫的原理和做法，但外形已经不呈棕角形。再有，如传统硬木家具典型的格肩榫，硬木家具一般不做小格肩。所谓大格肩的做法，也常取实肩与虚肩的综合做法，即将横料实肩的格肩部分锯去一个斜面，相反的竖材上留出一个斜形的夹皮。这种做法由于开口而加大了胶着面，又不至于因让出夹皮位置而剔除过多，而且加工方便。江南匠师把这种格肩榫称为"飘肩"。

◁ **花梨南官帽椅（一对）　　清早期**
宽55厘米，深42厘米，高94厘米
　　此对南官帽椅由珍贵黄花梨制成。靠背板、扶手上矮老及扶手均呈"S"形，线条流畅，造型舒展。座面用藤屉，冰盘沿下开壸门，腿足外圆内方，四腿直下，腿间装步步高管脚枨，迎面的管脚枨下装极窄的牙条。

△ **紫檀如意长桌　清代**

长136厘米，宽40厘米，高80厘米

　　长桌为紫檀木质地。桌面攒框装板，束腰打洼，雕连珠纹垂牙子，方腿直足内翻马蹄。此桌雕饰上繁下简，相映成趣，造型稳重大方。

△ **紫檀竹节南官帽椅及茶几（三件）　清代**

椅：宽62厘米，深49厘米，高100厘米

茶几：长46厘米，宽35厘米，高75厘米

　　此对南官帽椅为紫檀木质，造型特点是全部构件均雕竹节纹，意在模仿南方常见的竹藤家具。靠背板分三段镶装竹节纹券口，拐子式雕饰竹节扶手，座面下装雕竹节罗锅枨一根，紧贴座面安设，圆腿直足，四足间安雕竹节枨子，与两椅相配的小几也雕竹节纹，几面攒框装板，面下安竹节纹罗锅枨，圆腿直足。

△ 红木五福捧寿圆桌、椅（六件） 清代

桌：直径77厘米，高83厘米

椅：直径32厘米，高42厘米

▷ **红木圈椅（一对） 清代**

宽59厘米，深44厘米，高90厘米

该圈椅通体为红木制成。搭脑、扶手均为曲线形，靠背板为"S"形曲线，光素无纹。座面攒框镶板，壸门券口式牙板雕卷云纹，椅腿下横枨做成步步高升枨式；前枨下券口素牙板。

△ **红木两门柜 清代**

长88厘米，宽43厘米，高153厘米

以红木为材制作，材质上乘，保存完好，包浆沉着。柜长方形，双扇门，四条方形长腿，不事雕饰，打磨精良，木纹秀美。

家具常用的榫卯可分为几十种，归纳起来大致有以下这些：格角榫、出榫（通榫、透榫）、长短榫、来去榫、抱肩榫、套榫、扎榫、勾挂榫、穿带榫、托角榫、燕尾榫、走马榫、粽角榫、夹头榫、插肩榫、楔钉榫、裁榫、银锭榫、边搭榫等。通过合理选择，运用各种榫卯，可以将家具的各种部件作平板拼合、板材拼合、横竖材接合、直材接合、弧形材接合、交叉接合等。根据不同的部位和不同的功能要求，做法各有不同，但变化之中又有规律可循。清代中期以后，不同地区常有一些不同的方法和巧妙之处，如插肩榫和夹头榫的变体、抱肩榫的变化等。

有人以为，精巧的榫卯是用刨子来加工的，其实，除槽口榫使用专门刨子以外，其他均使用凿和锯来加工。凿子根据榫眼的宽狭有几种规格，可供选用。榫卯一般不求光洁，只需平整，榫与卯做到不紧不松。松与紧的关键在于恰到好处的长度。中国传统硬木家具运用榫卯工艺的成就，就是以榫卯替代铁钉和胶合。比起铁钉和胶合来，前者更加坚实牢固，同时又可根据需要调换部件，既可拆架，又可装配，尤其是将木材的截面都利用榫卯的接合而不外露，保持了材质纹理的协调统一和整齐完美。所以，清料加工的家具才能达到出类拔萃的水平。

（3）木工水平的鉴别

要全面地检查一件家具木工手艺的水平，各地都有不少丰富的经验，看、听、摸就是经常采用的方法。看，是看家具的选料是否能做到木色、纹理一致，看结构榫缝是否紧密，从外表到内堂是否同样认真，线脚是否清晰、流畅，平面是否有水波纹等；听，是用手指敲打各个部位的木板装配，根据发出的声响可以判断其接合的虚实度；摸，是凭手感触摸是否顺滑、光洁、舒适。家具历来注重这种称为"白坯"的木工手艺，一件优秀出众的家具，往往不上漆，不上蜡，就已达到完美无瑕的水平。

（4）传统的木工工具

"工欲善其事，必先利其器。"精巧卓越的手工技艺，离不开得心应手的工具。制作家具的木工工具主要有锯、刨、凿和锉。由于硬木木质坚硬，故刨子所选用的材质，刨铁在刨膛内放置的角度，都十分讲究。

◁ **黄花梨圈椅　明晚期**
宽60厘米，深46厘米，高98.5厘米
　　此圈椅黄花梨制成，椅圈为五接，背板上端，出花牙，加强了装饰效果。前椅腿与后椅腿都装饰卷草纹牙条，显得饱满绚丽。椅盘下的券口牙子也以卷草纹装饰，使得整体装饰风格统一。
　　此椅原皮壳，包浆莹润，保存完整，仅脚踏枨下牙条遗失。几百年沧桑，能保存下如此品相，已属不易。

◁ **黄花梨灯挂椅　明晚期**

宽50厘米，深40.5厘米，高93.5厘米

　　搭脑笔直，靠背独板宽大，后腿与靠背板曲弯相调，和谐统一。椅面装硬屉板，面下装素牙板。腿间设直枨，高低错落，这样的设计是为了避免榫卯开在同一高度，影响其牢固性。

　　此灯挂椅形体简易，气韵不凡。明式灯挂椅在椅具中存量较少，黄花梨木质则更为稀匮。

　　明代宋应星编著的《天工开物》一书中记有一种称为"蜈蚣刨"的，至今仍是木工不可缺少的专用工具。其制法也与旧时一样，"一木之上，衔十余小刀，如蜈蚣之足"。现与民间匠师称其为"铧"。使用时一手握柄，一手捉住刨头，用力前推，可取得"刮木使之极光"的效果。

　　在木锉之中，有一种叫"蚂蚁锉"的，木工常用它来作为局部接口和小料的处理加工，也是用作"理线"行之有效的专用工具。有人以为凹、凸、圆、曲、斜、直的各种线脚全部是依靠专用的线刨刨出来的，其实许多线脚的造型是离不开这一把小小蚂蚁锉的，它在技师手中的功能，实在可以达到出神入化的地步。

4 ｜ 家具揩漆工艺

　　传统家具在南方都要做揩漆，不上蜡，故除木工需是好手外，漆工同样需要是好手。漆工加工的工序和方法虽各地有差异，但制作的基本要求大致相同。揩漆是一种传统手工艺，采用生漆为主要原料。生漆加工是关键的第一道工艺，揩漆首先要懂漆。生漆来货都是毛货，它必须通过试小样挑选，合理配方，细致加工过滤后，经晒、露、烘、焙等过程，方成合格的用漆。有许多方法秘不外传，常有专业的掌漆师傅配制成品出售，供漆家具的工匠们选购。

　　揩漆的一般工艺过程先从打底开始，也称"做底子"。打底的第一步又叫"打漆胚"，然后用砂纸磨掉棱角。过去没有砂纸时，传统的做法是用面砖进行水磨。第二步是刮面漆，嵌平洼缝，刮直丝缕。第三步是磨砂皮。磨完砂皮底子也就做成了，进入第二道工序。这一道工序先从着色开始，因家具各部件木色常常不能完全一致，需要用着色的方法加工处理；另外根据用户的喜好，可以在明度上或色相上稍加变化，表现出家具的不同色泽效果。

△ **黄花梨黑漆圈椅　明晚期**

宽60厘米，深47厘米，高101厘米

　　王世襄先生曾说："离我二三十米，我就知道是黄花梨还是紫檀，大致不会错，因为从它的造型，它的做法就能看出它是什么木材。"此椅当为一例，典型明代做工。此椅是由黄花梨木制成，外髹黑漆，简洁中透露着威严。明代黄花梨家具极具傲人气质，由内至外，由里到表，不管后人涂绘何种外漆，均不能掩盖这份刚柔相济之文人风度。

　　清代有在浅色家具表面刷漆或染色的习惯，这是为了迎合这一时期使用者的审美风格，此椅即为一例。

▷ **紫檀透雕龙纹香几（一对）　清代**

长58.5厘米，宽43.5厘米，高94厘米

　　紫檀木质，长方形，面下高束腰。四角露腿，周围镶条环板六块，浮雕云龙纹。束腰下承托腮，牙条与腿用料丰厚，并以深浮雕、镂雕等多种手法雕云纹和龙纹。腿部选用了圆雕刻饰。四腿的足部与托泥座相连，也用透雕的龙纹缠绕覆盖。托泥中部饰覆莲纹，底下为托泥底座。

△ **紫檀五面雕云龙小顶箱柜（一对）　清代**

长72厘米，宽37.5厘米，高135厘米

　　顶竖柜一对，通体紫檀木质。框架及柜门四框饰双混面双边线，柜门、柜肚、侧山及柜顶镶板，边起条环线，当中全部以高浮雕手法雕海水纹、云纹和龙纹，图案雕刻线条流畅，磨工也精。

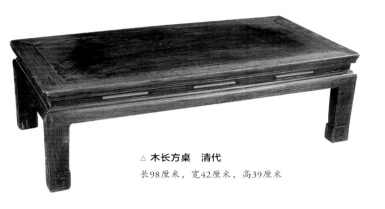

△ **木长方桌　清代**
长98厘米，宽42厘米，高39厘米

△ **红木条桌　清代**
长160厘米，宽50厘米，高87厘米

　　清代中期以后，由于达官显贵的喜好，紫檀木家具成为最名贵的家具，其次是红木。紫檀木色深沉，故有许多红木家具为了追求紫檀木的色彩，着色时就用深色。配色用颜料，或用苏木浸水煎熬。有些家具选材优良，色泽一致，故揩漆前不着色，这就是常说的"清水货"。接着就可作第一次揩漆，然后复面漆，再溜砂皮。根据需要，还可着第二次色，或者直接揩第二次漆。

　　接下去就进入推砂叶的工序。砂叶是一种砂树叶子，反面毛糙，用水浸湿以后用来打磨家具的表面，能使之极光且润滑。传统中还有先用水砖打磨的，现早已不用，改用细号砂纸。最后，再连续揩漆三次，叫作"上光"。上光后的家具一般明莹光亮，滋润平滑，具有耐人寻味的质感，手感也格外舒适柔顺。在这个过程中，家具要多次送入荫房，在一定的湿度和温度下漆膜才能干透，保持良好的光泽。北方天寒干燥，不宜做揩漆，可多做烫蜡。

　　现代硬木家具揩漆多用腰果漆。腰果漆又名阳江漆，属于天然树脂型油基漆。采用腰果壳液为主要原料，与苯酚、甲醛等有机化合物，经缩聚后，加溶剂调配成似天然大漆的新漆种。

二
家具作伪的形式

　　如果经营得当，老家具业所获利润可以是很大的。然而，在经济利益的驱使下，作伪手法越来越高明，赝品屡屡应市。老家具的作伪已成为每个家具收藏、爱好及研究者面临的困惑。

1 | 以次充好

　　以次充好现象主要表现在家具的材质方面。明清家具材质主要以紫檀木、黄花梨木、铁力木、乌木、鸡翅木和酸枝木制成。目前，广大收藏爱好者普遍缺乏对各类高档木材的认识，而投机者就利用这一点，将较次木材染色处理，假冒良木。如将黑酸枝冒充紫檀，或将普通黄花梨木染色处理冒充紫檀，或将白酸枝或越南花梨冒充黄花梨木。还有红酸枝木，若论木质不亚于紫檀，于是又有人将缅甸木、波罗格、缅红漆等说成是红酸枝木。以次充好的原因无非是利益驱使，因为这些木材的价位依其材质差异悬殊甚大。如越南花梨和黄花梨，它们的价位相差10～15倍甚至更高。随着材料的短缺，各类木材的价格还要上涨，故随时了解材质行情，对判断家具的价值至关重要。一般情况下，紫檀、黄花梨和酸枝木的纹理都很清晰、细密。凡纹理模糊不清的，或纹理粗糙的都应慎重对待。

2 | 拼凑改制

　　随着家具收藏热的升温，真正的明清家具原物已很少见到。然而广大收藏爱好者一味尚古，非要买旧的。这样就促使一些人专门到乡下收购古旧家具残件，经过移花接木，拼凑改制攒成各式家具。也有的家具因保存不善，构件残缺严重，也采取移植非同类品种的残余构件，凑成一件材质混杂、不伦不类的家具。

3 | 化整为零

　　将完整的家具拆改成多件，以牟取高额利润。具体做法是，将一件家具拆散后，依构件原样仿制成一件或多件，然后把新旧部件混合，组装成各含部分旧构件的两件或更多件原式家具。最常见的实例是把一把椅子改成一对椅子，甚至拼凑出4件，诡称都是旧物修复。这种作伪手法最为恶劣，不仅有极大的欺骗性，也严重地破坏了珍贵的旧物。在鉴定中如发现有半数以上构件是后配，应考虑是否属于这种情况。

4 | 常见品改罕见品

　　之所以要利用常见家具品种改制成罕见品种，是因为"罕见"是家具价值的重要体现。因此，不少家具商把传世较多且不太值钱的半桌、大方桌、小方桌等，设法改制成较为罕见的抽屉桌、条桌、围棋桌。投机者对家具的改制，因器而异，手法多样，如果不进行细致研究，一般很难查明。

5 | 贴皮子

　　在普通木材制成的家具表面"贴皮子"（即包镶家具），伪装成硬木家具，高价出售。包镶家具的拼凑处，往往以上色和填嵌来修饰，有的把拼缝处理在棱角处。做工精细者，外观几可乱真，不仔细观察，很难看出破绽。需要说明的是，有些家具出于功能需要或是其他原因，不得不采用包镶法以求统一，不属于作伪之列。

6 | 调包计

　　采用"调包计"，软屉改成硬屉。软屉，是椅、凳、床、榻等类传世硬木家具的一种由木、藤、棕、丝线等组合而成的弹性结构体，多施于椅凳面、床榻面及靠边处，明式家具较为多见。与硬屉相比，软屉具有舒适柔软的优点，但较易损坏。传世久远的珍贵家具，有软屉者十之八九已损毁。由于制作软屉的匠师（细藤工）近几十年日臻减少，所以古代珍贵家具上的软屉很多被改成硬屉。硬屉（攒边装板有硬性构件），原是广式家具和徽式家具的传统做法，有较好的工艺基础。若利用明式家具的软屉框架，选用与原器材相同的木料，以精工改制成硬屉，很容易令人上当受骗，误以为修复之器为结构完整、保存良好的原物。

7 | 改高为低

为适应现代生活的起居方式，把高型家具改为低型家具。家具是实用器物，其造型与人们的起居方式密切相关。进入现代社会后，沙发型椅凳、床榻大量进入寻常百姓家。为了迎合坐具、卧具高度下降的需要，许多传世的椅子和桌案被改矮，以便在椅子上放软垫，沙发前放沙发桌等。不少人往往在购入经改制的低型古式家具时，还误以为是古人流传给今人的"天成之器"呢。

8 | 更改装饰

为了提高家具的身价，投机者有时任意更改原有结构和装饰，把一些珍贵传世家具上的装饰故意除去，以冒充年代较早的家具。这种作伪行为，同样也是一种破坏。

9 | 制造使用痕迹

在制造使用痕迹方面，大致有如下手段。

在新做好的家具上泼上淘米泔水和茶叶水，然后搁在室外的泥土地上，任它日晒雨淋，两三个月里反复几次后，木纹会自然开裂，油漆龟裂剥落，原木色泽发暗，显出一种历经风雨的旧气，仿佛几十年上百年的时间就浓缩在里面了。如果是桌椅类家具，就将四条腿埋在烂泥地里，时间一长，这一截腿会由浅入深地褪色，呈现一种水渍痕，很能骗过外行。真品的水渍痕一般不超过一寸，作伪的往往会过分。

对一些使用频率比较高的家具，比如桌子、箱柜，就在表面用钢丝球擦出一条条痕迹，上漆后再用茶杯、锅子烫出印记，用小刀划拉几道印子，看上去真像用了几十年一样。

为了做出包浆，有些作伪者常用漆蜡色做假，甚至用皮鞋油使劲地擦揩。但鉴别起来也不难，自然形成的包浆，摸上去没有丝毫寒气，反而有温润如玉的滑溜感，而新做的包浆有粘涩阻手的感觉，并且有一股怪味道。

为了达到更加逼真的效果，有人还在家具的抽屉板上做出被老鼠咬过的缺口，或用虫专门蛀出特殊的效果。有些买家一看到木档和板上有虫蛀的痕迹，就以为自己碰到真品了。

三 家具辨伪的要素

随着家具收藏热的兴起，当前在古旧家具市场上，泛滥着大量仿古家具。在此，各位收藏者应该掌握一定的辨伪知识，以提高自己的辨识能力。

1 | 气韵

气韵是中国家具的文化内涵，家具有气韵不是空洞的，它渗透到家具的每一根线条之中，体现于每一个造型语言中。古典家具行家常常会说："一件精品的家具，自己会说话。"说的就是家具的这种气韵为什么能造就古典家具的这种气韵，它是经过无数代工匠的智慧结晶沉淀下来的。如明代黄花梨圈椅的扶手端头，它的外撇造型如流水般洗练，而在其上常常雕以简洁的线纹，给人具有弹性的感觉，这就是家具的气韵。而现在的仿制古家具急功近利，仅仅停留在形似，绝不可能有气韵。学会辨别气韵，是鉴赏古家具的基础之基础。要学会辨气韵，就得博览群器，多欣赏真品，增长你的眼力。

2 | 雕刻

雕刻是明清家具的重要装饰语言。鉴别仿制家具的雕刻应注意以下几点。

察刀法：仿造之刀，呆滞生硬，刻意追求像不像而失去了神态，有时为了仿冒故意突出某个局部，使整个布局失去了均衡。

观线条：在家具的雕刻中，线条最简单，但线条最难做，稍不留意就会露出马脚。而那些边沿线条、纹饰外线、回纹线等，常常是露出破绽的地方。

审细部：古典硬木家具的雕刻，非常讲究细部的精致性，而现在的仿制家具的材料不到位，很难做到精致。

3 | 打磨

传统家具的制作中，有"三分做工，七分打磨"的说法。古时，师傅做好家具后，学徒的要用各种打磨的材料对家具进行打磨，常常一磨就是数年，有的用竹节草，有的用细竹丝，有的紫檀家具甚至是用竹片一点一点刮磨出来的。这种打磨功夫深刻入微，不遗留半点空白。特别是那些细微之处、深凹之处，都能打磨得非常光滑柔润。而新仿家具，大多是机械性打磨，外凸与平整部位，可以抛光得如镜面，但在坑坑洼洼里，机械就无能为力，必定会残留下毛毛糙糙的痕迹。人工打磨，也不能有从前那样的深功夫。

4 | 髹漆

中国家具的髹漆工艺，是中国家具艺术的重要组成部分。各种家具有各自的髹漆工艺。这里所指髹漆辨伪，主要是指珍贵硬质木材家具，即黄花梨、紫檀、红木类家具。这类家具的传统髹漆技法是"揩漆"工艺，它用天然漆（生漆）髹涂于器物的表面，待漆要干未干时，用纱布揩掉表面漆膜，如此反复多次，直至表面呈现光亮，最后进行打磨，以体现木材的天然纹理。这就是"清水货"。而仿制家具，常采用"混水货"工艺，即用有色的漆膜，覆盖家具的表面，看不到木材的天然纹理。

△ **红木漆心嵌玉座屏　明代**

长267厘米，宽120厘米，高230厘米

此屏以红木做框架，当中以漆工艺手法做漆心，再以周制镶嵌法用各色玉石、象牙、紫檀、黄花梨、鸡翅木等名贵木材嵌成山水、树石及钓叟。色彩处理得当，布局也合章法。背面以描金漆工艺饰山水楼阁图。

△ 黑漆嵌螺钿方几　清早期

长38.5厘米，宽30.3厘米，高24.3厘米

△ 红木髹漆描金插屏　清代

长58.5厘米，宽25厘米，高63.2厘米

　　屏面长方形，一面漆地嵌粉彩米芾拜石，另一面金书诗文，图文相配，外框四方委角，镂空开光。

5 | 包浆

　　包浆，是古玩的行语，指古器物在传世的过程中，其表面所留下的风化痕迹。因木器容易上包浆，而且包浆层较厚，行语又称这种包浆为"皮壳"。家具的"皮壳"，通常呈一层玻璃质状态，非常柔和，木质的纹理自里而透外，色泽有一种苍老感，具有宝石般质感，一擦就会显示出光泽。而仿制作伪的旧家具，常用漆蜡色做假的皮壳，有的甚至用皮鞋油之类的劣质材料。做假的皮壳的光泽是呆板浮躁的，用手触摸，伪品有一种腻涩之感，有受阻的感觉，甚至粘手；真品的皮壳光滑温适。另外，古典家具的里面也有包浆，收藏时应仔细辨别。

△ 紫檀事事平安宝嵌插牌　清代

长48厘米，宽32厘米，高91厘米

6 | 款识

　　明清家具上的款识，大致分为三类：一是纪年款，二是购置款，三是题识。纪年款，只是记录器物的制作年代，这种纪年款大多出自工匠之手。明代家具中有纪年款的较少，从王世襄先生文中得知，故宫藏品中，有漆木家具上刻写着"大明宣德年制""大明嘉靖年制""大明万历年制"等。购置款，是记载此器物的购置地点、购置经过，或是定制的造价、地点等。例如明代崇祯年间一件铁力翘头案的面板底面刻字的拓片上刻有"崇祯庚辰年冬制于康署"的字样。崇祯庚辰是崇祯十三年，也就是1640年。显然此件家具的款识是主人所刻的购置款。购置款的家具为该家具的断代提供了一定的依据。题识，是收藏家、鉴赏家题刻在家具上的墨迹，或是记载此家具的来历，或是记载得此家具的品评感慨与喜悦之情。此等家具一经名人之手，也就身价十倍，成为名器而令人瞩目和珍爱了。总之，带款的家具很少，即使有带款识的家具，也不能掉以轻心，要结合历史文献，要从家具的时代风格、装饰、工艺、材质进行全面的分析，才能辨别真伪。

7 | 新旧

新仿家具与古家具的价值区别较大。年代越久远，差距越悬殊。辨别新仿家具，主要观察木器的雕花部位打磨的细致程度。新仿木器往往粗糙生楞。比如外表光，里侧像刀子似拉手，在古家具中是少有的。其次，观察有无使用近现代工艺和手法。如一个圆角柜，它的透榫两侧呈圆弧形，则是新仿的，因为这种圆弧榫眼是出自近代的打眼机。所以，我们必须具有丰富的实践经验，广博的历史学、考古学、文化艺术和家具专业方面的知识，对家具进行全方位综合性的了解，具体掌握明清家具造型比例、结构榫卯、木质纹理、碉镂装饰、款识风格的不同特点，它们是鉴定明清家具的基础。注重家具形制的大小，了解不同形制的制作年代。观察榫卯结合处，了解不同时代榫卯结构特点，注重榫卯使用的工具。用手感辨别不同的木质，观察木质表面光泽和木质散发的气味，熟知历代用料情况。熟知不同时代装饰风格，了解区域性装饰风格，注意观察细部装饰工艺。注重款识辨伪。总之，古典家具的辨伪和断代是学习鉴赏家具的重要环节。

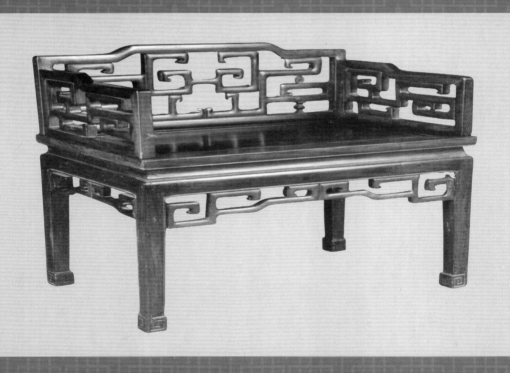

第五章

家具的价值

一 为什么投资古典家具

1 | 拍卖场上的"新宠"

　　家具一直是收藏领域中的一个大门类。近年来，其价格在国内外市场持续走高。1996年，纽约佳士得拍卖公司中国古典家具的拍卖就获得了巨大成功，其中一件清代早期黄花梨大座屏以100万美元成交。在天津文物公司2000年举行的秋季拍卖会上，清代红木嵌螺钿大理石太师椅、茶几、罗汉床都拍至近万元。1998年，在纽约举行的亚洲艺术品拍卖会上，一架明代黄花梨屏风以约百万美元成交，这是中国香港著名藏家叶承耀医生多年的珍藏，共68件珍贵家具的成交总额预计为300万~380万美元。2001年天津拍卖会上，一对清代紫檀顶箱柜以398万元成交。2002年，北京嘉德拍卖公司举行拍卖会，一对黄花梨顶箱柜以980万元刷新中国家具成交纪录。2003年9月，纽约佳士得特别举行了一场大型明式家具拍卖会，推出68件由全球拥有最多明式家具的收藏家叶承耀所珍藏的明式家具，并成功卖出40件，拍卖成交总额达2262万港元。其中，成交最高的三件家具包括明黄花梨三屏风独板龙纹围子罗汉床、明黄花梨灵芝纹衣架和明黄花梨两卷角牙琴桌，成交价分别是273.3万港元、230.5万港元及196.2万港元。现在，要购买一件明代家具已并非易事，花上20万元也许只能买上一件明代的长条靠背椅或一对碗橱，若要收藏一副明代对椅的话，最起码也要50万元以上。

▷ 红木雕花条案　清代

长183厘米，宽58厘米，高82厘米

▷ 红木雕龙翘头案　清代
长166厘米，宽46厘米，高80厘米

▷ 黄花梨独板小翘头炕案　明末清初
长97.1厘米，宽25厘米，高44厘米

黄花梨木炕案，采用夹头榫结构，独板带翘头，浑厚庄重。

此案最引人注目的地方在其外撇的香炉腿，足端浮雕如意云头纹，线条流畅，点缀出一抹俏丽，使此案增色不少。

◁ 花梨圈椅（一对）　清代
宽60厘米，深46厘米，高92厘米

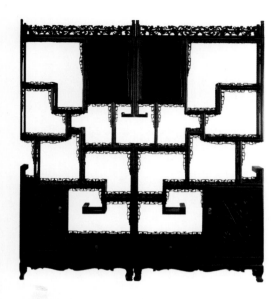

◁ 紫檀多宝槅（一对）　清代

长98厘米，宽36厘米，高209厘米

　　多宝槅多由紫檀木制成。顶层之上四角出荷花头短柱，柱间三面透雕梅枝围子，顶层之下界出高低错落的封闭、半封闭和开敞、半开敞的格子九个，并镶装拐子纹券口牙子，槅子的立墙上亦有扇形、委角方形开光。另外下部还有柜一、抽屉一，柜门浮雕兰菊，抽屉面板雕云蝠纹，柜、屉皆配有铜质面叶、吊牌。最下洼膛肚壶门牙子，内翻马蹄足。

▷ 红木方桌　清代

长91厘米，宽91厘米，高87厘米

◁ 红木小长方几　清代

长65厘米，宽41厘米，高24厘米

2 | 资源越来越匮乏

古典家具多选用热带和亚热带丛林中的那种坚硬紧密、纹理华美、色泽幽雅的贵重大料制作而成。木材主要有黄花梨木、紫檀木、花梨木、乌木、樱木、鸡翅木、酸枝木等。现在人们称之为"老红木"的，其学名就叫酸枝木，以前红酸枝木较多，目前较多见的是印度尼西亚、缅甸、泰国、越南等国的酸枝木。

一些优质硬木家具所用的材料，如紫檀、黄花梨等现在存世数量已很稀少。我们今天见到的紫檀、黄花梨家具基本上均为明朝时制作，其木材目前几乎已绝迹。如今一套紫檀家具动辄上百万元乃至更高售价已不是什么天方夜谭了。

3 | 关注人群众多，升值潜力无限

目前，因全国各地的古代风景名胜与博物馆的重建、扩建之需，古典家具的收集对他们来说至关重要，而民间居家装饰对明清家具的需求也越来越大，从而使明清家具的价格正以每年20％的速度递增。

随着经济文化的高速发展，中国古典风格的家具以其独特的自然风骨和深厚的文化内涵，受到越来越多的收藏者的追捧，其市场日益看好。而在古典家具中，明清风格的家具可谓一枝独秀。明清家具的"三优"：一是优美的形态。线条流畅、整体比例均衡，具有独特之神韵，代表家具的"灵魂"。形是艺术造诣的基本，某些细节有丝毫差池，都会影响作品的气度与神韵。二是优秀的工艺。工艺是仿古家具最为关键、难度最高的一环，除工艺精湛，结构、接驳依足古法外，其细部的雕刻深浅和艺术手法，均合乎传统风格。三是优质的材料。仿古家具必须选用明清时期所用的几大名木，并根据当时的地方色彩、家具造型、款式、类别选择合乎其惯用的材种，否则只会影响其神韵以及日后的收藏价值。此外，木纹之美感表现，则取决于开料用材的妙法。名贵木材中，紫檀、黄花梨、酸枝、鸡翅等均为极品。

现在的状况就是，越来越多的人开始认识到古典家具的价值，而古典家具的数量又十分有限。据专家估计，明式黄花梨家具和清式紫檀家具存世数量仅一万件，再加之近几年这些家具不断外流，可谓卖一件少一件，藏家又不愿出手，因此，古典家具价格自然越来越高。

△ 黄花梨行军台　明代

长79厘米，宽44.5厘米，高28.5厘米

　　行军台是古时用于战争指挥休息的一种台案。此台选用黄花梨制作，包浆温润，纹理清晰优美。面攒框镶板，冰盘沿，束腰，云纹牙板，直腿。腿与面相互独立，易拆卸，携带方便。腿间置有双十字交叉帐，用以增加支撑力及收缩力。

二
家具的价值体现

1 ｜ 文物价值

　　一件古典家具不仅是一件精美的实用器物，更重要的是它身上负载着历史、文化、艺术、科技等文物信息，人们研究它，可以"管窥"当时的社会习俗、人文情况等。

　　特别是历代皇家贵族、风流名士遗留下来的古典家具，文物价值最高。譬如，2010年南京一拍卖公司拍卖的一把"明代宫廷御制黄花梨交椅"，价格高达6200万元。

△ 紫檀雕龙纹写字台　明代

长180厘米，宽90厘米，高83厘米

　　此写字台由台面、柜座及脚踏四件组合。除台面外，周围各个板心全部浮雕云纹和龙纹。

△ **紫檀雕云龙纹三联顶箱柜　明代**

长384厘米，宽58厘米，高248厘米

　　此柜通体为紫檀木质地，依传统形式和工艺精制而成。身顶箱加底柜共14块雕花板，合计28块。全部板镶心，采用深浮雕加毛雕手法雕海水云龙图。全部合叶、面叶、吊牌等金属饰件也雕刻云纹或云龙纹。

△ **海南黄花梨皇宫椅、茶几（三件）　明代**

椅：宽60厘米，深48厘米，高99厘米

茶几：长48厘米，宽46.5厘米，高68.5厘米

　　该椅通体为属海南黄花梨老料，木纹流畅生动，椅圈五接，衔接自然，线条流畅。靠背攒框做成，分三段装饰；上段开光镂空卷草纹，中段镶素板一块，落膛踩鼓做法，下段亮脚雕倒挂蝙蝠，靠背板与椅圈及椅盘相交处，透雕卷草纹角牙，座面攒框装板，落膛踩鼓。椅面下有束腰，鼓腿彭牙内翻马蹄，腿足落在带龟脚的托泥之上。

▷ **紫檀雕云龙纹古玩槅（一对）　明代**

长219厘米，宽41厘米，高126厘米

此柜槅通体为紫檀木质地，左右对称，上槅下柜，正中带抽屉。上部分五格，高低错落。前口装云龙券口或矮栏。每柜各装饰圆雕小狮。抽屉面、柜门及牙条以深浮雕手法雕海水云龙纹。从雕刻风格及艺术效果看，艺人技法高超、娴熟，且磨工到位。

◁ **红木六抽写字台　清代**

长139厘米，宽67厘米，高83厘米

写字台由台面、双脚柜和一脚踏组成。台面长方形，设四抽，脚柜各一抽屉，脚桄饰冰裂纹，设脚踏，饰笔杆纹。

▷ **红木嵌瘿木面小花几　清代**

直径28.5厘米，高25.8厘米

此几以红木为材。几面圆形，嵌瘿木面，束腰形光，抛牙板上浮雕简易夔纹，五条三弯腿，足端饰瓜果花草，下承一个根形束档。

▷ **红木云石面灵芝百灵台　清代**

直径99厘米，高86厘米

　　此台以红木为材。台面圆形，嵌云石，石纹变幻美丽，似云水远山。牙板开长条形开光，六足冰裂纹底座，底座与台面以一炷香支撑，以透雕灵芝为枨。

◁ **红木亮槅　清代**

长92厘米，宽39厘米，高180厘米

▷ **黄花梨方材官帽椅　清中期**

宽55厘米，深49厘米，高99厘米

　　此椅用方材制作，搭脑镂空，锼云纹坠角。靠背板向后仰，浮雕螭龙纹，下端开亮脚。扶手下凹，与鹅脖用烟袋锅榫卯相连。软藤屉座面，直边抹。椅腿间装拐子纹罗锅枨和直枨，穿竹钉。

2 | 历史价值

　　"年代历史"是古典家具最重要的价值指标。年代越早的家具，相对来说价值也越高。年代是指家具生产的时期，不同时期特征不同，也就有着迥异的艺术价值。

　　家具属于实用器物，使用过程中会出现磨损、毁坏等情况。时间越久，保护下来的概率越小，因此投资升值空间也就越大。这完全符合"物以稀为贵"的投资定理。

▷ **黄花梨四出头官帽椅（一对）　明代**

宽59.5厘米，深45厘米，高117.5厘米

　　官帽椅简称扶手椅，分四出头官帽椅和南官帽椅两种。四出头官帽椅的椅背搭脑和扶手的前端长出椅柱，此类椅因外形轮廓酷似古代官员帽子，故名。搭脑与扶手出头，称"四出头官帽椅"，因多在北方流行，又称"北官帽椅"。此椅通体光素，以做工精细、线条简洁取胜，为明式官帽椅的典型风格。

◁ **花梨嵌汉白玉圆台　清代**

直径79厘米，高38.5厘米

　　圆台面，嵌汉白玉，束腰，抛牙板，下承六条双龙纹内弯腿，牙板高浮雕，简易草龙纹。

◁ 紫檀嵌象牙山水楼阁人物插屏　清中期

长78.7厘米，宽32厘米，高83.5厘米

△ 黄花梨雕龙凤纹条案　清乾隆

长192.7厘米，宽41厘米，高89.8厘米

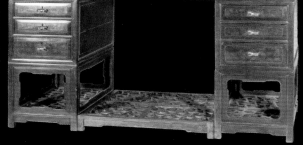

△ 红木写字台　清代

长177厘米，宽85厘米，高93厘米

　　由长方形面板和多个抽屉组合而成。柜下由冰裂纹开光台座承托，即由数件单独成立的器具组合而成，而且材质精良，做工考究脱俗。

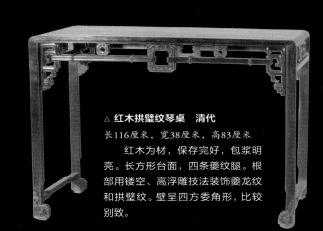

△ 红木拱璧纹琴桌　清代

长116厘米，宽38厘米，高83厘米

　　红木为材，保存完好，包浆明亮。长方形台面，四条夔纹腿。根部用镂空、高浮雕技法装饰夔龙纹和拱璧纹。璧呈四方委角形，比较别致。

△ **红木鹿角椅（两椅一几） 明代**

椅：宽73厘米，深51厘米，高113厘米

几：长50厘米，宽40厘米，高71厘米

　　椅为圈椅式，搭脑呈六边形，浮雕螭龙纹，靠背呈"S"形，有四鹿角形状，座面攒框镶板，面上下一周各装饰勾卷云纹花牙，三弯腿，前腿设鹿角状霸王枨，足外翻。

△ **红木雕云龙写字台 清代**

长167厘米，宽80厘米，高83厘米

▷ **红木博古架 清代**

长75厘米，宽28厘米，高98厘米

3 | 艺术价值

中国古典家具多强调家具在意境上的渲染作用，善于用写意的手法提取其他器物和建筑上的精华部分，浓缩成一种含蓄深刻、着意于形的艺术美，营造某种艺术氛围，给人以精神享受。

譬如，明代家具艺术风格别致，集木结构建筑的精华、书法艺术、形体造型艺术、雕塑艺术和雕刻艺术于一体。王世襄先生总结其艺术特点为"十六品"——简洁、淳朴、厚拙、凝重、雄伟、圆浑、沉穆、秾华、文绮、妍秀、劲挺、柔婉、空灵、玲珑、典雅、清新。

△ **海南黄花梨笔筒　清代**

直径14厘米，高21厘米

此笔筒以海南黄花梨料整体挖制而成，通体光素，色彩沉郁，质地坚硬细密。

△ **黄花梨笔筒　清代**

直径9.5厘米，高15.5厘米

笔筒选用黄花梨木料，直口平底，木纹清晰，素地净体。

▽ **红木拐子纹宝座　清代**

长84.5厘米，宽56厘米，高85.5厘米

宝座选用红木制成，三面围子结构。罗锅枨式搭脑，靠背及扶手镂雕拐子纹，座面攒框镶板心，冰盘沿，束腰，牙板浮雕拐子纹，扁方腿，内侧起阳线。

◁ **黄花梨交椅　明代**

宽72.5厘米，深90厘米，高103厘米

　　此件交椅由黄花梨制成。扶手四接，接处各以铁错银饰件加固，两端出头回转收尾。背板弯曲呈"S"形流水线，两侧带曲形窄角牙，背板上方雕塔刹纹，背板下部起亮脚。木材相接即腿足交处皆有铁包并錾花嵌银丝，并以铆钉加固，铁片之上或錾刻云纹，或錾刻花卉，细节处纹饰也制作精美。交椅易于折叠，便于携带。

▷ **黄花梨圈椅　明代**

宽59厘米，深45厘米，高97厘米

　　圈形弯弧扶手下方与椅盘后大边打槽嵌装三弯靠背板，靠背板有圆形寿纹，扶手两端向外翻，与鹅脖交角处嵌有小牙子，软屉座面，现用旧席更替品。座面下为券口牙子，腿间安步步高赶枨。古人坐有坐相，站有站相，更看重的是圈椅造型中"天圆地方"的世界观和"步步赶高"的积极信念，古典家具中这类言传意会的思想符号由此可见一斑。

◁ **红木草龙纹宴桌　清代**

长90厘米，宽90厘米，高36厘米

　　该宴桌为四方台面，束腰、抛牙板，内弯灵芝腿，造型敦厚大方。

▷ **黄花梨龙纹槅架　清早期**

长98厘米，宽48厘米，高177厘米

　　槅架方材打洼起委角，三层全敞式，隔板铁梨木质。上层设暗抽屉两具，抽屉面铲地浮雕螭龙纹。架腿之间装壶门牙板。这个槅架造型简洁，洼面相接的加工工艺具有相当难度。龙纹雕饰恰恰到好处地点缀了庄严的外表。

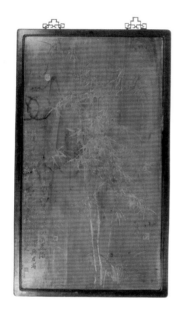

◁ **刻郑板桥《兰竹图》挂屏　清代**

宽110厘米，高196厘米

　　挂屏长方形，规格较大，木刻填青，饰郑板桥《兰竹图》，修竹挺秀，兰草飘逸。旁刻郑板桥题画诗："挥毫已写竹三竿，竹下还添几笔兰。总为本源同七穆，欲修旧禅与君看。"署"观文家兄教书，乾隆癸未板桥裹弟，燮"款。

▷ **黄花梨行军台　明代**

长79厘米，宽44.5厘米，高28.5厘米

　　此台选用黄花梨，包浆温润，纹理清晰优美。面攒框镶板，冰盘沿，束腰，云纹牙板，直腿。腿与面相互独立，易拆卸，携带方便。腿间置有十字交叉枨，用以增加支撑力及收缩力。

4 | 收藏价值

社会之进步，人文之提升，材料之称罕，高技之缺少，精品之难求，造就了古典家具在市场上升值的潜力。三五年之后紫檀、黄花梨将会更加难觅，其他几种名木也濒临绝种。木材价格逐年上升，加上目前之仿古家具基本上是根据所耗用的工、料的制作成本来定价，其应有的艺术价值则忽略不计。而古典家具经过岁月的磨炼，风、氧、人气的融合，将产生一种更浓郁的古典韵味，滋润淳朴，质似玉感，让人倍觉可爱之至，爱不释手。

△ 红木雕云龙书箱　清乾隆
长44厘米，宽27厘米，高51厘米

◁ 花梨花卉螭龙纹绿石面插屏　清早期
长55厘米，宽38厘米，高73厘米

文房插屏存世量少，而能保存原装屏心石板则更为珍贵。

此插屏造型典雅，底座雕以抱鼓作墩，上竖立柱，顶端饰以莲纹，立柱两侧则以镂雕螭龙纹站牙抵夹。立柱间安以横枨两根，再以短柱分隔，嵌以透雕梅花、荷花、菊花三种花卉之绦环板。下端横枨接披水牙子，上浮雕卷草纹。此插屏雕刻工艺精湛，螭龙威猛；花卉如生，惹人喜爱。

插屏攒框嵌绿石为屏心，纹路清晰，层次感强烈，好似崇山峻岭，峰峦叠嶂，又似滔滔江河，奔流不息。一物多景，景随心动，心随意变，可谓大自然之鬼斧神工。

▷ 黄花梨圆裹腿带抽屉小书桌　清中期
长97厘米，宽61厘米，高83厘米

此书桌是由罗锅枨圆裹腿书桌演变而来，在矮老和枨格间加板封堵，从而形成设计抽屉的空间。此桌的边抹和罗锅枨都采用劈料做法，看起来更加厚实且富于变化，构思巧妙，毫不做作。

△ **红木卷草纹剑架　清代**

长100厘米，宽23厘米，高47厘米

　　此剑架为红木质地，色泽暗红，包浆细润。底座抱鼓墩，上安立柱，以透雕草叶龙站牙相抵。立柱之上格肩插元宝剑托，之间安横枨，中嵌戏珠龙纹条环板，下有双龙捧寿牙子。

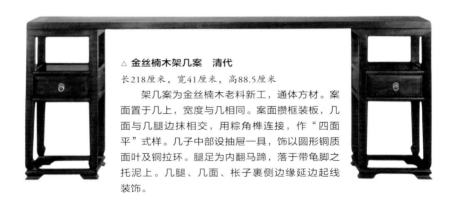

△ **金丝楠木架几案　清代**

长218厘米，宽41厘米，高88.5厘米

　　架几案为金丝楠木老料新工，通体方材。案面置于几上，宽度与几相同。案面攒框装板，几面与几腿边抹相交，用粽角榫连接，作"四面平"式样。几子中部设抽屉一具，饰以圆形铜质面叶及铜拉环。腿足为内翻马蹄，落于带龟脚之托泥上。几腿、几面、枨子裏侧边缘延边起线装饰。

△ **黄花梨有束腰三弯腿炕桌　清早期**

长94厘米，宽63厘米，高30厘米

　　炕桌攒心桌面，有束腰，壸门牙板带分心花。三弯马蹄腿，牙板与桌腿相交处锼出活泼的镂空灵芝纹，边缘起阳线。此炕桌造型轻盈，细部刻画生动，比例完美，榫卯严谨，皮壳莹润，是炕桌中的精品。

△ 金丝楠木柜（多宝柜） 清代

长59厘米，宽41厘米，高96.5厘米

　　此柜通体方材，四面平式。中段为三个方形大抽屉，四边以小抽屉围绕，间隔适度，屉面饰以梅花形面叶，椭圆形吊牌，美观大方。

△ 红木四方抽屉写字台 清代

长167厘米，宽134厘米，高83厘米

◁ 红木九屉式写字台 清代

长118厘米，宽64厘米，高83厘米

　　红木制作，品相完好。由台面和两个底柜组成，独特之处在于台面呈倒凸形，共有九个抽屉。

三
明清家具的价值

　　明清家具是我国优秀的工艺美术品之一，色泽凝重富丽，造型古朴典雅，木质坚硬精良。它既是人们日常生活中的实用品，又具有很高的收藏和观赏价值。

　　材质好，传世时间长。

　　设计巧，存世数量少。我国传统硬木家具设计精巧，十分重视家具的造型结构与厅堂建筑相配套，且家具本身的整体配置也主次分明，非常和谐，使用者坐在上面感到舒适，躺在上面感到安逸，陈列在厅堂里能产生装饰环境、填补空间的巧妙作用。

▷ **黄花梨雕凤纹小平头案　明代**

长118厘米，宽49厘米，高80厘米

　　案面攒心板，牙板雕夔凤纹，凤尾卷曲成灵芝状。腿足正中起两炷香阳线，两腿之间装双横枨。此案造型清新雅致，牙板婉转的凤身与案腿工整的起线动静呼应，疏朗轻盈。

◁ **黄花梨圆裹腿罗锅枨条桌　明代**

长97厘米，宽42厘米，高83厘米

　　条桌攒心板，圆腿，无束腰，裹腿高罗锅枨直贴桌面之下。这种简单的造型，使桌子重心上移，看起来更加挺拔俊秀。

◁ 红木嵌五彩瓷板书柜　清代

长31厘米，宽19厘米，高49厘米

▷ 黄花梨带抽屉橱柜　明代

长85厘米，宽56厘米，高87厘米

　　造型简洁素雅，用料厚重，装坠
角。柜门平装不落膛，左右花纹对称，
系一木对开而成，有门杆。

▷ 红木嵌大理石半圆桌 清代
长83厘米，宽42厘米，高80.5厘米

◁ 红木嵌大理石圆桌 清代
直径81厘米，高87厘米

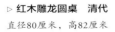
▷ 红木雕龙圆桌 清代
直径80厘米，高82厘米

△ 黄花梨圈椅（一对）　清代

宽62厘米，深48厘米，高101厘米

△ 红木长方桌　清代

长99厘米，宽65厘米，高32厘米

◁ 紫檀框漆嵌黄杨柳燕图挂屏　清乾隆
宽64厘米，高110厘米

　　挂屏边框为紫檀木制成，雕回纹，屏心黑漆地，上嵌黄杨木春燕、柳树、桃花。树的枝叶自然随风飘曳。桃花盛开，一只春燕展翅飞翔，另一只在跃跃欲试，寓"春归""祥和"之意。此挂屏构图巧妙，工艺细腻，富有立体效果。

▷ 红木博古架　清代
长28厘米，宽16厘米，高43厘米

◁ 黄花梨云龙纹大笔筒　明代
直径21厘米，高17厘米

　　笔筒体形硕大，敞口束腰，木质纹理清晰，包浆自然厚润，浅浮雕技法，四面开光绘灵芝云头纹，内雕云龙，造型古朴典雅。

第六章

家具的购买

一 家具购买的途径

1 | 从拍卖公司拍卖

　　近年来，国内各类型的拍卖公司如雨后春笋般迅速在全国各地出现，拍卖门类也是丰富多彩的，几乎涵盖了所有的艺术门类，并且不断推出艺术品专场拍卖。从事家具拍卖的公司也在不断增加。近些年举办家具专场的拍卖公司有：北京保利国际拍卖有限公司、北京翰海拍卖有限公司、北京嘉德国际拍卖有限公司、北京华辰拍卖有限公司、北京匡时国际拍卖有限公司、舍得拍卖（北京）有限公司、上海朵云轩拍卖有限公司、厦门特拍拍卖有限公司、香港苏富比拍卖有限公司、香港天成国际拍卖有限公司、广州华艺国际拍卖有限公司等。

△ **黄花梨书柜　明代**

长72.5厘米，宽47.5厘米，高101.5厘米

　　通体为黄花梨木质，色泽古朴，造型简洁。柜顶盖卯榫结构，柜门对开，攒框镶独板，内置三层，正面带中柱双锁门。

◁ **黄花梨长条凳　明代**

长100厘米，宽33厘米，高44.5厘米

△ 鸡翅木两屉桌　明代

长157.5厘米，宽69厘米，高82厘米

◁ 黄花梨瓜棱大面条柜（一对）　清代

长109厘米，宽59厘米，高198厘米

　　此条柜通体黄花梨制成。主体框架作双素混边，柜顶为盖帽式，两扇柜门对开，中间有一立闩，立闩与门皆安条形铜质面叶。

▷ 黄杨木条案　清代

长125厘米，宽65厘米，高84厘米

　　以黄杨木为材制作。面呈长方形，嵌红木，排线式圆柱足，四个霸王枨，红木镂空牙板。形制素洁，线条流畅。

△ **明式红木素纹圈椅（一对）　清代**

宽60.5厘米，深46.5厘米，高101厘米

该圈椅椅面宽阔，气势开张。仿明式圈椅风格，不事雕饰，大朴无华。

　　拍卖公司拥有权威的专家顾问团队、专业的从业人员、全球征集拍品的能力以及专业的展览服务，为每一件拍品进行品质把关和全方位展示，使得卖家和买家都能得到满意的服务和结果。近些年，随着越来越多家拍卖公司举办家具的专场拍卖，拍卖渠道也成了家具收藏投资的重要渠道之一，越来越多的家具收藏投资者已走进拍场竞拍自己心仪的作品。

2 | 从文物商店购买

　　一直以来，文物商店都是我国文物事业的重要组成部分。自20世纪50年代以来，国有文物商店作为国家收集社会流散文物的收购站和临时保存所，不仅为国家培养了大批的专业人才，还为国家收购、保存了大批的珍贵文物，成为国有博物馆文物征集的重要渠道之一，为我国文物事业的发展立下了汗马功劳。

▷ 红木嵌玉璧座屏　明代

长38厘米，宽22厘米，高54厘米

△ 黄花梨镜架　明代

长43厘米，宽39厘米，高35厘米

　　镜架是古人放置镜子所用。此镜架攒框而成，可自由折叠，且尺寸较大，也属少见。

▷ 黄花梨龙纹大四件柜　清代

长159厘米，宽63厘米，高287厘米

　　此柜门板和侧山用楠木细瘿木对开而成，木门轴。原皮壳包浆，原配铜活。

▷ **黄花梨炕几　清代**

长74厘米，宽49厘米，高30厘米

此几为长方台，束腰，抛牙板，香蕉腿，牙板和腿浮雕夔龙纹和灵芝云、蝙蝠，寓意吉祥。

◁ **红木小炕几　清代**

长68.5厘米，宽46厘米，高33厘米

几面长方形，四条圆柱腿，造型简洁明快，不事雕饰，具明式家具之遗韵。

▷ **黄花梨簇云纹三弯腿六柱式架子床　明代**

长230厘米，宽222厘米，高155厘米

六柱式架子床，攒框床顶承尘与立柱方孔套接，透雕花卉纹挂檐，透雕螭龙纹坠角，立柱之间加"开门见山"罗锅帐。这张床在装饰上最显著的特点是：门围子和床围子采用复杂的攒接工艺制成，繁缛精美，图案丰满，充满韵律，雅而不俗。挂檐、束腰和牙板的雕饰圆润华丽，栩栩如生，寓意多子多福、吉祥长寿。这张床制作精细，构思巧妙，沉稳的床座和空灵剔透的围子和谐统一，体现了明式家具既注重结构的合理性又强调装饰效果的特点。

◁ **红木四方矮桌　清代**

长90厘米，宽90厘米，高35厘米

　　矮桌，也称炕桌。古代宫廷中的正式筵宴，一直保留着席地而坐的惯例。清代称为宴桌，在造办处档案中常常可以见到关于制作这类矮桌的往来记录，有多种尺寸，以适应不同的场合与环境。该矮桌造型稳重，纹饰典雅，为满足贵族日常生活的用具。

▷ **红木嵌瘿木夔龙纹琴桌　清代**

长116.5厘米，宽83.5厘米，高41.5厘米

　　红木质，品相好，包浆明亮。长方形台面，案两头下弯内折，透雕龙纹，双拼式嵌瘿木腿，牙板也镂空，饰相向夔龙纹。

◁ **黄花梨罗锅枨绿纹石面香案　明代**

长84厘米，宽84厘米，高53厘米

　　香案是陈放香炉、香熏的专用家具。因香炉在焚香时产生热量，所以香案的案面多采用石质。香案束腰扁马蹄腿，高拱罗锅枨，装饰"事事如意"纹卡子花，边缘起浑圆的阳线。案面攒框镶嵌大块绿纹石板，石面如春水般微起波澜，温润细腻，包浆浓郁。

△ **黄花梨玄纹笔筒　明代**

直径13.5厘米，高15.5厘米

笔筒色泽深郁，呈圆柱体，筒身刻玄纹，筒口内侧平滑，其余无雕饰。

文物商店具有专业人才汇聚、分布地区广泛、文物品种丰富、物品保真性强、价格相对合理等特点，近年来受到不少收藏爱好者的青睐，成为广大收藏爱好者淘宝的好去处。家具也是文物商店这些年的热门交易品种。

3 | 从专业市场购买

家具专卖店指的是专一经营家具的专营店。专卖店一般选址于繁华商业区、商店街或百货店、购物中心内，营业面积根据经营商品的特点而定，采取定价销售和开架面售的形式，注重品牌名声、从业人员具备丰富的专业知识，并提供专业知识性服务。

◁ **白玉巧色雕松风虎啸插牌　清代**

长7.8厘米，宽6.2厘米，高17.5厘米

△ **黄花梨如意云纹圈椅（一对）　明代**

宽61.5厘米，深47.7厘米，高103厘米

　　椅圈自搭脑中部向两侧扶手一顺而下，弧度蜿蜒流畅，背板上部与椅圈连接处两侧饰牙条，正中雕如意卷草纹，扶手两端向外翻卷，与鹅脖交角处有云纹托牙。藤心座面，落膛做，座面下为壶门式券口，腿间安步步高赶枨。

▷ **黄花梨镜匣　明代**

长33厘米，宽33厘米，高59厘米

　　镜匣为上等海南黄花梨制成，镜箱式，为典型的京式做工。箱盖一木连做，面四角包铜，沿部呈三劈料状，精巧细腻。开箱窥镜，镜架以榫卯相连，架面设荷叶镜托，以卡铜镜之用，支架可折叠，映射了此物经历的沧桑岁月。台座两开门，内设抽屉三具，面装叶形吊坠，铜活锈迹斑驳，镂空卷草纹牙角，宝瓶式四足。

◁ **黄花梨指日高升大插屏　明代**

长63厘米，宽35厘米，高84厘米

　　屏座雕抱鼓墩，上安立柱，以透雕螭龙站牙相抵。两立柱间安横枨，中嵌浮雕夔龙纹条环板，枨下安八字形螭龙纹及拐子纹披水牙子。屏心攒框镶板心，浮雕由太阳、斗升、酒爵等图案组成"加官晋爵、指日高升"的寓意。

▷ **红木写字台　清代**

长120厘米，宽65厘米，高82厘米

▷ **紫檀透雕螭纹嵌大理石座屏　清代**

长128厘米，宽64厘米，高196.5厘米

　　此座屏紫檀木制成，造型为仿明式。特点是大框之中用透雕花纹条环板围成一圈，当中镶仔杠，仔框之中又镶大理石心，底座横梁之间镶两块透雕螭纹条环板，下部有浮雕螭纹披水牙。

◁ **紫檀龙纹嵌黄铜交椅（一对）　清代**

宽62厘米，深40厘米，高106厘米

　　交椅为紫檀木质。靠背板略曲，分三段镶板，上部透雕螭纹，中部透雕麒麟纹，下部做出云头亮脚，靠背板两侧有托角牙。后腿与扶手支架的转折处镶雕花牙子，并辅以铜质构件，座面绳编软屉，座面前沿做出壶门曲边并浮雕草龙，前后腿交接处用黄铜轴钉固定，足下带托泥，两前腿间装镶铜饰脚踏。

▷ **黄花梨镶竹万字纹平头案　清代**

长158.5厘米，宽53厘米，高81厘米

　　桌面面上打槽嵌竹编几何纹面板，纹饰华美，边抹厚实。冰盘沿下无束腰，光素牙板两端云纹牙头，下立四圆柱形直腿，前后腿间置两根圆材横枨，既起到了加固作用，又增加了美的视觉效果。

专心专业、专卖一类产品或一个品牌，大大增强了产品的终端销售能力，更多地创造了顾客购买一类产品或一个品牌的系列产品（专卖+优质产品+星级服务）的机会，提升了产品的销量；销售、服务一体化，可创造稳定而忠诚的顾客消费群体；易于及时向终端经销商和消费者提供该公司的产品信息，同时易于收集市场和渠道信息；消费者到专卖店选购产品时，该品牌有百分之百的销售机会（店内无其他品牌），大大增加了产品的成交率。

家具专卖店以上的这些优点，为家具收藏爱好者提供了更好的收藏平台和个性化服务。近年来，家具专卖店得到了越来越多的藏家的肯定，成为家具收藏爱好者又一重要的购买渠道。

4 | 从典当行购买

随着我国市场经济的不断飞速发展，各大银行的贷款业务已经不能满足日益增长的融资需求。典当行作为民间非银行金融机构积极开展贷款业务，就有效填补了这一民间融资需求的空间。随着人们主观意识的转变，典当已由穷人为了生计不得已"变卖"家产，转变为一种新型的融资渠道和资金周转方式。

典当行以其短期性、灵活性和手续便捷性等特点，成为银行贷款业务的一个有效补充。典当业作为一个金融特行，可以看到"短、小、快"是典当业的核心竞争优势。典当行和银行在市场上可以相互补充、互为调剂。现代典当业作为金融业的有益补充，作为社会的辅助融资渠道，已成为市场经济中不可或缺的融资力量。

目前，典当行的典当品种日益丰富，金银珠宝、字画、各种古玩、汽车、房产、家具等都可典当融资。典当行因有专业人员把质量关，有过了当期未赎回即可自由处置的特权，且交易价格明显低于市场同期销售价格，已成为收藏爱好者重要的淘宝去处。

△ **红木炕桌　清代**
长75厘米，宽49厘米，高30厘米

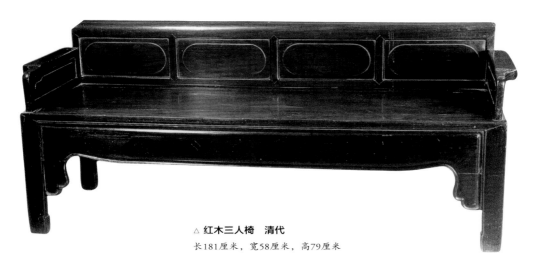

△ 红木三人椅　清代

长181厘米，宽58厘米，高79厘米

▷ 红木云石面小方台　清代

长73厘米，宽73厘米，高81
厘米

红木为材，台面四方，
嵌云石，黑白分明，纹理变
幻，束腰，抛牙板，四方马
蹄腿，牙板下饰镂雕狗尾。

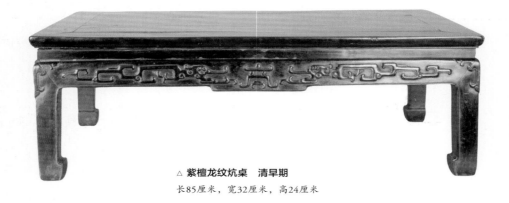

△ **紫檀龙纹炕桌　清早期**

长85厘米，宽32厘米，高24厘米

▷ **紫檀佛龛　清代**

长37厘米，宽17厘米，高47厘米

此佛龛选用优质紫檀精制而成。龛顶雕刻梅花纹，龛门雕有两只麒麟，门中间饰铜锁壁，门内透雕双螭龙、蝙蝠等纹饰，寓意"吉祥多福"。

◁ 红木百宝嵌插屏　清代

长60厘米，宽21厘米，高62厘米

▷ 花梨圆地桌　清代

直径76厘米，高37厘米

5 | 在圈子内购买

各行各业都有自己固定的交流合作圈子，家具也不例外。目前，家具圈子内交流和交易的一般均属高端藏品，交易价格普遍较高，但绝对是藏家看上的至爱之品。

家具圈子内交易具有品质有保障、藏品层次高、成交速度快的优点，已有越来越多的收藏爱好者参与其中。

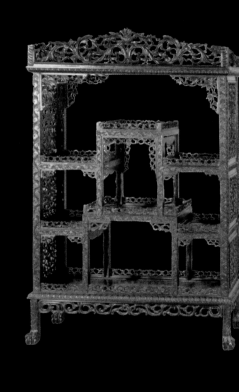

▷ 红木满工博古橱　清代

长101厘米，宽36.5厘米，高157厘米

橱有九格，下承四个虎爪足，全器满工，采用镂空、高浮雕等技法装饰缠枝莲纹。

◁ 红木竹节纹博古架　清代

长79.5厘米，宽31厘米，高121厘米

器为方柱形，四柱及隔档均饰竹纹，生动逼真，由一抽一柜五槅组成。可以藏书，也可陈设文玩器具。

▷ **红木方角柜　清代**

长89厘米，宽41厘米，高157厘米

　　顶面长方形，上可放置同样规格的箱子，俗称顶箱柜，双扇门，高足，边线起棱，装饰优美。

▷ **紫檀镶云石插屏　清代**

长44.5厘米，宽22.5厘米，高59.4厘米

　　紫檀插屏选料上乘，做工考究，包浆温润。屏心选用红褐色云石，浮雕苍松流云，亭台楼阁，古人怡然自乐之景。两侧站牙镂雕卷草纹，挡板及披水牙子皆成镂空卷草纹状，表相映成趣之意。

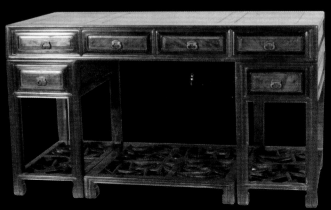

◁ **红木嵌瘿木面搁台　清代**

长140.5厘米，宽69.5厘米，高81厘米

　　搁台也即俗称的写字台，以红木制作。面长方形，台和四面均嵌瘿木，材质、做工十分考究。保存完美，配冰裂纹脚踏。

△ 黄杨木观音坐像　明代

长16.5厘米，宽11.5厘米，高31厘米

　　此观音用黄杨木雕制，通体光润，开相丰满祥和，眼睑下垂，放于膝上，身穿罗衫，衣褶清晰。

6 | 网络渠道购买

　　随着互联网的发展以及人们生活水平的提高，收藏行业已经从小众群体发展到大众关注。人们开始尝试足不出户，上网淘自己喜欢的藏品。虽然近几年网络拍卖仍然存在很大问题，但毋庸置疑的是，网络拍卖已经成为未来发展的一种趋势。

　　网络拍卖作为电子商务的概念早已提出。十几年来，人们在非艺术品拍卖领域一直在进行着网拍的探索，使得网拍发展较快，目前运作相对成熟。网络拍卖在艺术品市场中介入也并不晚。2000年6月嘉德在线正式开通，在国内首开了拍卖企业举行艺术品网络拍卖先河。嘉德在线的网络拍卖采取多专场，365天、24小时不间断进行。由于艺术品真伪、质量的网络保障不足，网络展示全替代展厅现场展示等问题没能根本解决，使得网络拍卖这一模式一直没在国内得到广泛推广和应用。嘉德在线的网络拍卖一直主打低端工艺品、当代艺术品市场，其在网络上拍卖的艺术品，单价一般多在10万元以内，参与者主要以白领阶层为主，购买艺术品的目的多在于收藏和装饰，低端工艺品、艺术品的真伪问题不突出，因而网络拍卖可以满足他们的需求。

◁ 黄花梨霸王枨平头案　明代

长136厘米，宽70厘米，高80厘米

　　此平头案通体选黄花梨优材制成。案面攒框镶板，板面双拼无束腰，面下设长方条，光素无工，四方直腿内侧用霸王枨与桌面相连，内翻马蹄足遒劲有力。

▷ 红木嵌瘿纹圆台配四凳（五件）　清代

台：直径81厘米，高83厘米

凳：直径35厘米，高48厘米

　　成套形制，由一台及四凳组成，红木制作，台面也嵌瘿木。束腰，直牙板，五条三弯圆形花瓣腿，五龙衔珠脚枨，凳的造型、装饰与圆台相同。

▷ 红木罗汉床、桌（两件）　清代

床：长145厘米，宽45厘米，高56厘米

桌：长32厘米，宽24厘米，高15厘米

◁ 红木圈椅（一对）　清代

宽58厘米，深47厘米，高74厘米

△ 红木圆桌　清代

直径93厘米，高86厘米

△ 黄花梨盝顶官皮箱　明代

长44厘米，宽37厘米，高46厘米

此官皮箱为黄花梨制成，其色泽油黄中泛红，仿佛燃烧的火焰气势蓬勃，乃黄花梨料中之极品。箱顶带盖帽，箱门对开，内设大小抽屉共五具，门脸上皆设有铜拉手，箱体两侧另置有"U"形铜提手，方便提携。

△ 黄花梨亮格小柜　清早期

长87厘米，宽52.5厘米，高147.5厘米

△ 红木雕花书柜（一对）　清代

长88厘米，宽36厘米，高200厘米

互联网让拍卖突破了时空的局限，提高了交易效率，降低了拍卖成本，同时也降低了拍卖门槛。网络拍卖很大的优势是利用互联网的特点，将原本贵族化的场内交易方式演变成了平民的网上交易。每年艺术品春秋大拍中，买家们都有忙于"赶场"的烦恼；各大艺术品拍卖公司也有意错峰开拍，避免买家在竞买上"撞车"。有时令买家感到无奈的是，场内每件拍品的竞价时间只有短短几分钟，买家需要当即决定要不要继续加价，否则就会失之交臂。借助互联网，问题就迎刃而解了。一场网络拍卖可以持续几天，昼夜不间断，无论北京、纽约或是伦敦的买家都能借助网络随时竞买，并且做出更加理性的决定，节约了时间、交通、住宿等诸多成本。

近些年，家具的拍卖也开始借助于网络，受到了越来越多收藏爱好者的关注和参与。

◁ 紫檀绿端云石面方桌　清代

长70厘米，宽68厘米，高81.5厘米

　　方桌为承具类，选上等紫檀料精制而成，包浆温润自然，造型古朴。面部攒框镶墨绿色端石，深山书境，青幄峨黛。冰盘沿，象牙板，罗锅枨式牙条，直腿起阳线，内翻马蹄。

▷ 黄花梨花几　清代

长59厘米，宽44厘米，高68.5厘米

　　花几为黄花梨所制，纹理清晰，包浆温润。几面攒框镶板，冰盘沿，束腰。鼓口彭牙，内翻马蹄立于托泥之上，下承龟足。

△ 海南黄花梨皇宫椅、几（三件）　清代

椅：宽60厘米，深48厘米，高99厘米

几：长48厘米，宽46.5厘米，高68.5厘米

　　该椅通体为海南黄花梨老料，木纹流畅生动，椅圈五接，衔接自然，线条流畅。靠背攒框做成，分三段装饰：上段开光镂空卷草纹，中段镶素板一块，落膛踩鼓做法，下段亮脚板雕倒挂蝙蝠。靠背板与椅圈及椅盘相交处，透雕卷草纹角牙，座面攒框装板，落膛踩鼓。椅面下有束腰，鼓腿彭牙内翻马蹄，腿足落在带龟脚的托泥之上。茶几方圆有度，几面格角攒边，四框内缘踩边打眼镶面板。

◁ 紫檀竹节扶手椅、几（三件）　清代
椅：宽57厘米，深46厘米，高103厘米；
几：长45厘米，宽35厘米，高75厘米

二
把握适当的购买时机

　　近年来，家具的价格在国内外市场持续走高。若以现在为分界线，市场发展的前10年，无疑是购买古典家具的最好时期。然而，从收藏角度看，相比明清家具与市场上流通的少量古典家具，眼下市场上流通的家具还处于价值洼地。从艺术品投资和收藏品增值的长期角度分析，当前收藏购买古典家具应是非常适合的时机。

三
准确判断好出售时机

　　20世纪80年代，一把黄花梨圈椅千元可得，但现在没有几十万根本别想搬回家；那时红木八仙桌没人要，四五年前就涨到了4000元，而今却可以卖到1万元。这一趋势，显示了家具成交的价格区间不断上升，只要收藏者能够根据自身投资家具时的实际成交情况，密切关注国内外经济形势的发展，结合当下投资拍卖市场的行情发展，抱以知足常乐的心态，做到有利可图即可放手，合适的出售时机尽在藏家自己的掌控中。

第七章

家具的保养

一
家具的管理

　　家具与人们的日常生活息息相关，是一种大众化的实用器物。由于体积庞大，在使用中易朽易毁，因此不如书画、瓷器、玉器、金石等古玩，深受历代文人雅士的珍爱和刻意保护。为此，今人所见家具，元代以前的实物甚为罕见，传世品中多数为明清家具。目前，专事收藏古代家具的博物馆国内鲜见，大量珍贵的明清家具，仍未能受到应有的重视和保护。由于保管不善，在人为破坏和自然毁损下，其数量正在急剧下降。为了抢救祖国的历史文化遗产，向人们传播家具的保管常识，实属当务之急。

　　家具的科学管理，可从鉴定、定名分级、分类、登记、标号、使用、建档和查点等方面来进行。现将各方面内容简述如下。

1 ｜ 鉴定

　　现存家具大多为传世品，与考古发掘品不同，一般来说缺乏可靠的科学记录，如不进行认真的科学鉴别和研究，极可能鱼目混珠，真假颠倒。家具的鉴定，就是辨明真伪，确定材质及制作年代，定名分级，评估它的历史价值、科学价值及艺术价值，从而为确保重点、分级管理、加强保护、提高保管质量创造基本条件。

2 ｜ 定名分级

　　家具的定名，是为了便于区别，最好能达到"见其名如见其物"，名称要体现该件家具的主要特征。一般来说，定名可由四部分组成：年代、材料、器形特征及功用。定名举伪"明紫檀木扇面形南官帽椅""明黄花梨无束腰裹腿罗锅枨大画桌""清黄花梨透雕荷花纹太师椅"等。此外，定名要注意规范化。因为同一种家具，全国各地的称呼不同，这就要根据全国通用的名称加以统一。如江浙地区所称的"台子"，定名应为"桌子"。

　　为确保对精品的重点保护，还应在鉴定的基础上，对所收的家具定级，一般可根据不同历史价值、科学价值和艺术价值分为一级、二级、三级。

3 | 分类

分类即是把具有同一特征的家具归在一起，通常分为椅凳类、桌案类、床榻类、柜架类及其他类五大类。

4 | 登记

登记是妥善保管家具及其科学管理的关键，也是检查所收家具数量和质量的法律依据，要有一套完整而准确的账簿，包括总登记簿、分类登记簿，使用登记簿等。其中最重要、最根本的是总登记簿。总登记簿必须由专人保管，并实行账物分管制度。登记时应严格按照规定格式，逐条逐项用不褪色墨水填写，字迹力求工整、清晰。有些机构所收的家具原已登记，可在新的总登记簿表格内增设"原来号"一栏，以便于查找和核对。

5 | 标号

家具的总登记号，应标写在器物上。标写时须注意以下几点。

（1）标号应在隐蔽处，不能影响家具的外观，更不能伤及家具本身，如刻画等。

（2）标号的位置应一致，以便查号。

（3）为避免混乱，旧号可除去，但总登记簿中不能遗漏。

（4）标号用漆，色调宜一致，深色家具用淡色漆，淡色家具用深色漆。

6 | 使用

由于一般机构的文物保护意识较淡薄，对所收家具往往保护不够，最常见的是继续把家具尤其是把一些精品作为实用器物，造成了不应有的人为损坏。为此，家具的使用，应视不同级别，制定相应的规定。通常一级品、二级品，原则上不宜继续作为实用器物，而应加以重点保护，仅作陈设用。在开放场所，可划定适当的保护范围，禁止入内。对三级品的使用也要严加控制，尽可能少用、不用或在使用中采取一定的保护措施，如加桌套、椅面等。

7 | 建档

建立每件家具的档案，是科学管理和保护的依据和基础，可采用"一物一袋"形式，并根据总登记簿编目。档案内容应包括：有关历史资料、鉴定记录、修复记录、使用记录以及照片、拓片、测绘图纸等。档案的形成是一个逐渐积累过程，应从最初的收进开始收集有关资料。

8 | 查点

定期检查和清点，是家具管理的重要措施。查点时须账物相对，发现缺损或帐物不符等情况，要及时查明原因，分清责任，酌情处理。查点时，发现其他不利于保护的情况，也要尽快解决。如发现家具标号模糊不清，应及时重新标写；发现有腐朽、松动的情况，要及时修理；发现霉变、虫蛀、鼠咬等，要及时消毒、施药。

以上科学管理方法，仅对收有较多家具者而言，件数较少的机构及私家不一定适用，但有些还是可以参考的，这不但有利于精品的保护，也有利于维护家具的使用价值和经济价值。

二
家具的保养

家具遭受毁坏的原因，除有意识或无意识的人为破坏外，缺乏必要的保护措施也是重要的因素。

由于家具的年份都很悠久，而且家具又不同于其他艺术品，不可能作为一种纯观赏器而放置，它是在使用中传世的，所以对家具的保养就至关重要。

家具基本分为两大类，一类为硬木家具，即用珍贵的硬木类材质制成的，例如紫檀木、老红木等，这类家具通常不髹漆或者揩漆，充分显现其天然木质纹理。另一类为软木家具，即用楠木、榉木、松木等木材制成，它的表面通常要用髹漆处理。两类家具都需要进行保养，保养手法大同小异，综述如下。

1 | 保持表面清洁

家具在使用中完全暴露在外，易沾灰尘，尤其在雕刻部分，更易积灰，而灰尘中带有种种氧化物及杂物，要及时将它清除掉，否则就会造成家具表面受腐败蚀。清除尘埃可用鸡毛掸或柔软的巾布，以不损伤家具为准。

2 | 避免创伤

不论是软木家具还是硬木家具，毕竟都是木质的，容易造成各种创伤。所以在收藏中要尽量避免撞击与碰击，尤其是与金属器具的碰撞。特别是硬木家具的透雕花板，更应该留心保护。

3 | 忌拖拉搬动

有的家具较大较重，一般来讲应少搬动为佳。当需要搬动时，一定要抬起来搬，切不能贪图方便，拖曳式搬动。家具的年代久了，经不起折腾，另外拖拉容易造成榫头结构松动，从而导致家具散架。

4 | 防干、防湿

干燥和潮湿，是家具保护的大敌。家具主要由木质纤维材料制成，属吸湿性物质，对干、湿最为敏感。空气的湿度过低，木材的含水量不足，家具会翘曲变形，干裂发脆，缝隙增多、扩大，榫结构松动，强度降低；空气湿度过高，会使木材膨胀，而且适宜霉菌、害虫的生长繁殖，使家具极易发霉、生虫、腐朽。为此，家具的保护，必须要有适宜的湿度。

（1）防干燥

①在地面洒水。

②室内摆放一些多叶的盆栽植物，或安放盛有清水的器皿。

③减少日光直射，门窗应挂窗帘。

（2）防潮湿

①开窗自然通风。

②室内安装空调设备，除湿。

③使用吸湿剂，如木炭、生石灰。注意，吸湿完毕，应及时清理掉。

④未上漆的家具表面可涂擦动、植物天然蜡或四川白蜡，以缩小家具吸湿面积。

⑤家具的腿脚最容易受潮腐朽，可在腿脚下安置硬木垫块，以避免潮气直升向家具腿木。

⑥室内潮湿通常与建筑物构造有关，如地面返潮、生苔，屋顶渗漏等。故应及时检修房屋及四周的排水系统，进行相应的改造。

5 | 防光晒

光线对家具有损害作用。光线中的红外线能引起家具表面升温，湿度下降，从而产生翘曲和脆裂。而紫外线的危害更大，它不仅会使家具褪色，还会降低木纤维的机械强度。光照对木纤维的破坏作用是一种渐进的化学变化过程，即使停止光照后，它还会继续起破坏作用。为了防止光线对家具的损害，可采取下述措施。

①安装百叶窗、遮阳板、凉棚、竹帘、布帘等，防止光线直射室内。

②在玻璃窗外加设木板窗，或涂上白、绿、红、黄色油漆，降低直射光的强度。

③选择厚度3毫米以上的门窗玻璃。玻璃越厚，吸收紫外光越多。此外，也可选用毛玻璃、花纹玻璃或含氧化铈和氧化钴的玻璃。这些玻璃均具有良好的防紫外线辐射功能。

④家具陈设的照灯应当选用无紫外线灯具，或为灯具加装紫外线过滤片。

6 | 防火

家具是极易烧毁的文物。陈放家具的场所应当有严格的防火措施：

①陈放场所不得吸烟，不能有生活和生产用火。

②禁止存放木料、柴草等可燃、易燃物品。

③严禁将液化石油气、煤气等引入室内。

④安装电灯及其他电气设备时，必须符合安全技术规程。

⑤配置灭火器、防火水缸、防火沙箱等消防器材和水源设施，或安装烟火报警器，定期检查消防设备。

⑥陈放家具的室外通道保持畅通，一旦发生火警，有利于抢救和灭火。

7 | 及时修理破损

家具在使用中不慎发生损坏或者是部件掉落时，要及时修理好。若遇大的损坏，则要请专门的修理作坊修理。在胶合部件时，忌用白胶，要选用骨胶，否则会留下痕迹。

8 | 定期上蜡

古典木家具要定期上蜡，因为蜡能起到保护家具的作用。旧时有用胡桃肉揩擦红木家具的方法，这种方法较原始也不方便。现在可用"碧丽珠"家具护理喷蜡揩擦，它既能去污又能上蜡保护，使用很简便。

9 | 防蛀防虫

木材易被虫蛀咬，虫害多为各种蛀木虫和白蚁。收藏爱好者可采用化学防蛀法，如置放樟脑。中国古代使用传统的防虫药物有芸草、莽草、秦椒、蜀椒、胡椒、百部草、苦楝子和白矾、雄黄等矿物，收藏者可借鉴使用。